地山補強土工法 設計・施工マニュアル

公益社団法人 地盤工学会

まえがき

　平地が少なく，かつ国土が狭隘な我が国では，より広く，より安定に，より低い費用で，道や宅地などのための平面を建設し維持できるかが古来からの社会的要求であり工学的課題であった。今日でも，自動車道路・鉄道や大規模宅地造成などの建設においてこの事態は変わっておらず，今後も変わらない。古くから，自然地山の緩い斜面を，安定を保てる限り急勾配のり面に切土をし，また安定を保てる限り急勾配のり面を持つ盛土を建設してきた。しかし，我が国の自然の地山は一般的に脆弱であり，山地では風化堆積軟岩，崩積土，断層・節理・亀裂が多い岩盤など元々不安定な地盤が多い。また盛土を建設する場合でも，火山灰粘性土や細粒分が多い残積土など盛土材として本来不適切な土も利用せざるを得ない場合も多い。このため，安定な急勾配な切土のり面と盛土のり面の建設は容易でない場合が多い。これに対して，伝統的な建設技術は，鉛直に近い壁面を持つ重力式やもたれ式などの擁壁の建設である。なかでも石積み擁壁が典型的である。より近代的なものは，鉄筋コンクリート製のL型，逆T型などの片持ち梁型式の擁壁である。しかし，これらは今日では最先端技術とは言えなくなった。

　我が国のもう一つの宿命的な自然環境は，降雨量が多く豪雨が頻繁にあり，また地震活動度がほぼ全国的に高いことである。このため，古来から，おびただしい数の自然斜面が長期降雨や豪雨あるいは地震のために崩壊してきた。古くは，このような自然斜面の崩壊を未然に防ぐ手立ては殆どしてこなかった。そのような場所には，出来るだけ住まないようにするのが知恵であった。一方，切土や盛土をする場合は，出来るだけ安定なものを実現する努力をしてきたが，経済力・技術レベルが十分高くなく，社会的要求度も低かった。近代になると降雨・豪雨と地震に対して一定の対処をしてきたが，従来は殆どは降雨対策であり，地震対策は積極的には行われてこなかった。

　しかし，最近は状況が変わってきた。それには，主に次の四つの理由がある。

1) かつては，a) 一度崩壊した場合の社会的影響が大きい自然地山の既存の急斜面に近接した場所，b) 自然斜面が崩壊した場合に土石流等で影響を受ける谷筋・川筋，c) 谷地形など集水地形，などでは出来るだけ利用を避けてきた。
　しかし，近年はこのような場所でも，住宅，産業施設，道路・鉄道等の社会基盤施設を建設する例が増えてきた。特に高速道路や高速鉄道では，できるだけ直線にするため上記のような場所に遭遇することが多い。
2) 安全・安心に対する社会的要求度が高まってきて，自然斜面や切土・盛土等の降雨・豪雨と地震に対する耐災性の要求レベルが高まってきた。耐震性に関しては，1995年阪神淡路大震災以降，設計地震動レベルがレベルⅡに引き上げられた。
3) 地球温暖化の傾向のため，豪雨時の降雨強度が従来の最大値を超える事例が増えてきた。このため，長い間雨期でも安定していた自然斜面や切土・盛土が豪雨で依然よりも大規模に崩壊する例がしばしば出てくるようになってきた。
4) 一方，この間地盤工学も進展してきて，上記に対応する技術も開発されてきた。その中の一つが，本マニュアルが対象とする地山補強土工法である。
　これらの状況は，地盤工学会が2009年に発行した報告書「地震と洪水・豪雨による地盤災害を防ぐために－地盤工学からの提言－」に詳細に説明されているので参照されたい。

　上記の1)〜3)に対処すると言う社会的要請に応えるために開発され用いられてきた近代的地盤工学の技術の一つが，補強土工法である。従来の斜面安定化技術は，擁壁や各種のり面工など地盤の内部には働きかけない外部対策である。これに対して，補強土工法は，アンカー，化学的地盤改良，排水工などとともに地盤内部に働きかける内部対策であり，壁面工などの表面材を活用する場合は外部対策でもある。
　補強土工法は，次の二つに大別できる。
(1) 盛土補強土工法：　新しく建設する盛土の内部に面状ジオシンセティック

ス等の補強材を配置して盛土内の水平伸びひずみを拘束して盛土を安定化する技術であり，急勾配のり面を持つ盛土や鉛直に近い壁面を持つ擁壁の建設に適用される。

(2) 地山補強土工法： 既存の地山（自然斜面や盛土）の内部に棒状の引張り補強材を配置して地山内の主に伸びひずみを拘束して地山を安定化する技術であり，地山の既存斜面の安定化や，地山を切土して新たな急勾配のり面や鉛直に近い壁面を形成する場合に適用される。

なお，両者には以下の共通点がある。

a) 引張り補強が最も普及している。

b) 盛土あるいは地山が変形して初めて補強材内部に引張り力が発生する，と言う受身的工法である。このため，対象の盛土・地山が一定程度変形することを前提としている。

c) 現場での製造技術であり，適切な設計とともに適切な施工が重要である。

一方，両者には以下の相違点がある。

a) 盛土補強土工法は，新設の盛土を対象としているので，盛土材料の選択，盛土材の物性に合わせた締固め工による管理（すなわち，変形強度特性と透水性の管理）や，補強材と内部排水設備の配置の自由度が高い。従って，設計において安定計算の役割が大きい。また，完成後の土と補強材のクリープ変形による過大な残留変形が課題となるが，施工中の盛土の変形は安定を失わない限り問題とはならない。したがって，盛土材との接触面積をなるべく大きくした帯状の金属製補強材，もしくは，盛土と接触面積が非常に多い面状のジオシンセティックス補強材が広く用いられている。

b) 地山補強土工法は，既存の地山を対象としているので，地山，特に自然斜面での地山の内部構造と物性の推定が必要である。しかし，その正確な推定は容易ではないため，設計において安定計算の意義は相対的に低くなり，経験による判断が重要となる傾向にある。もちろん，経験だけに頼る訳にはいかない。本来，理論と経験は二律背反の関係ではなく車の両輪である。また，補強材と内部排水設備の配置の自由度が低く，それらの配置にはコストが掛る。さらに，盛土補強土工法と異なり，膨大な面積・体積の地山が対象とな

ることが多い．これらのことから，重要度・必要度に応じて精粗の度合いが異なる設計を行うことが必要となる．また，許容変形値が小さい場合には，完成後の残留変形とともに，施工中の地山の変形が課題となる場合がある．

　本マニュアルは，地山補強土工法の普及と適切な実施を目指して地盤工学会に設置された地盤設計・施工基準委員会WG5地山補強土工法（平成20～21年度）により，多数の専門家の努力によって作成されたものである．自然斜面・切土のり面だけでなく既設盛土のり面も対象にしていること，引張り補強を基本にしていること，表面材の力学的役割を明確にしていること，排水工を重要視していること，従来重視されてこなかった耐震設計も記述していること，などが特徴である．
　現在，社会基盤施設の設計は，全体として，仕様設計（指定された構造物の形態・施工法に関する仕様に基づいた設計）から性能設計（対象構造物に要求される性能を効率的・経済的に実現することを目的とする設計）に移行している過程にある．しかし，地山補強土工法での性能設計の実現は，信頼できる安定計算の実施が難しいこと，対象となる地山の面積・体積が膨大であること等の困難さのため容易ではない．したがって，地山補強土工法ではその移行は端緒についたばかりである．しかし，性能設計の基本精神は，地山補強土工法の普及にとっても重要であることから，本マニュアルではその移行に備えた記述に努めている．
　すなわち，地山補強土工法の設計は要求される性能を明確にすることから始まる．その要求性能は，通常は次の二つである．
(1) 地山補強土工法を適用した地山とそれが過大に変形した場合に影響を受ける周囲の地盤と空間が，耐用期間に亘り常時に過大な変形をして使用に耐えない状態にならないこと．
(2) 異常時（豪雨時，地震時等）にも，所定の安定性を保っていること．
　地山補強土工法が出来るだけ広く採用されるためには，社会基盤施設の整備計画と設計過程で地山斜面の安定化が必要になった場合，地山補強土工法を，上記の要求性能全体（Life cycle performance，総合要求性能）と，それを実

現するための直接建設費と長期維持管理費の総計（Life cycle cost，総合コスト）および両者の比（Life cycle cost/performance 比，総合費用便益比）に基づいて評価することが重要である。例えば，地山補強土工法によって地山を安定化した場合は，そうでない場合と比較すると耐震性がかなり高かったことを示す事例が数多くある。しかし，計画・設計過程で耐震性を斜面安定化工事の要求性能の一つとして考慮しなければ，地山補強土工法は割高な工法と見なされる傾向にある。また，降雨・豪雨と地震による被害は複合的である。すなわち，長期降雨・豪雨後に地震を受けたり地震後に長期降雨・豪雨を受けると被害が拡大する。また，長期降雨・豪雨対策としての地山補強土工は地震対策にもなっている。したがって，地山補強土工を常時の長期性能とともに降雨・豪雨対策と地震対策の両面からの総合費用便益比に基づいて評価してもらう必要がある。

　一方，「常時の補強材引張り力の測定値が低いことから，補強材は実際には役立っていない」と言う意見がある。また，「常時の補強材の引張り力の測定値に基づいて設計」しようとする考え方がある。しかしながら地山補強土工法の設計では，基本的に，設定した耐用年数の間で想定する過酷な状態（豪雨時，地震時等）が設計対象となる。その際には，常時の安全性は高く，補強材1本当たりの発生引張り力は設計で想定した値よりは小さい。すなわち，常時には地震力が作用していない。そればかりでなく晴天時においては，地山内は通常は地下水位が低く不飽和状態にあり，その場合サクションが作用していて，その分せん断強度は高くなっている。一方，設計では長期降雨時や豪雨時を想定するのが普通であり，晴天時に発揮されているサクションは設計では期待しないか，相当割り引いて設定（c, ϕを小さめに設定）しているので，常時に測定した補強材引張り力が常時に対する設計値よりもかなり低くなるのは当然である。したがって，これを根拠に安全性を低下させることがあってはいけない。

　しかしながら，設計や施工のさらなる合理化・経済化は永遠の課題である。特に，将来の本格的性能設計への移行に備えて，実測データの蓄積が必要となろう。特に，地盤のばらつきが大きい地山補強土工法では，実測データの蓄積が少ないため，実体の把握が遅れている。実測データは，常時の条件の下での

実際の挙動を示しており，引張り力の大きさのみならずその分布形状は，設計法の今後の発展にとって極めて重要である。

本マニュアルが，実測データの蓄積へのきっかけになれば幸いである。

平成23年8月

地盤設計・施工基準委員会　WG5 地山補強土工法

リーダー　龍　岡　文　夫

地盤設計・施工基準委員会
WG5 地山補強土工法　名簿

リーダー	龍岡	文夫	東京理科大学理工学部
メンバー兼幹事長	舘山	勝	公益財団法人鉄道総合技術研究所
メンバー兼幹事	米澤	豊司	独立行政法人鉄道建設・運輸施設整備支援機構
	橋本	隆雄	株式会社千代田コンサルタント
メンバー	渡辺	健治	公益財団法人鉄道総合技術研究所
	内村	太郎	東京大学大学院工学系研究所
	毛利	栄征	独立行政法人農村工学研究所
幹事	矢崎	澄雄	RRR工法協会
	三上	登	日特建設株式会社
	今井	雅基	PANWALL工法協会
	岩佐	直人	ノンフレーム工法研究会
	濱浦	尚生	ライト工業株式会社
	斉藤	建三	岡部シビルエンジ株式会社
	平山	浩清	ヒロセ株式会社
	新坂	孝志	三信建設工業株式会社

地山補強土工法マニュアル

目　　次

ページ

第1章　概　説 ･･･ 1
　　1.1　適用範囲 ･･･ 1
　　1.2　地山補強土工法の構造と特徴 ･･･････････････････････････ 5
　　1.3　本マニュアルで取扱う地山補強土工法の分類 ･･････････････ 7
　　1.4　補強材の種類による分類 ･･･････････････････････････････ 13
　　1.5　表面材（表面材設置工）の考え方 ･･････････････････････ 21

第2章　用語・記号 ･･ 27
　　2.1　用　語 ･･ 27
　　2.2　記　号 ･･･ 38

第3章　調査・計画 ･･･ 39
　　3.1　調査の基本 ･･ 39
　　3.2　調査結果の整理 ････････････････････････････････････ 43
　　3.3　計　画 ･･･ 44
　　3.4　工法の選定 ･･ 46
　　3.5　適用性の検討 ･･････････････････････････････････････ 46

第4章　材　料 ･･･ 55
　　4.1　一　般 ･･･ 55
　　4.2　芯　材 ･･･ 55
　　4.3　定着材 ･･･ 60
　　4.4　頭部定着材 ･･ 63

	4.5	表面材··· 66
	4.6	その他の材料·· 69

第5章 設 計·· 73

 5.1 設計の基本·· 73
 5.2 設計に用いる荷重······································ 76
 5.3 補強材設置の基本······································ 78
 5.4 補強材の配置と配置間隔······························ 78
 5.5 補強材の設置角度······································ 84
 5.6 補強材の長さ·· 86
 5.7 補強材（抵抗）力······································ 88
 5.8 定着材と周辺地盤との許容摩擦抵抗力············ 92
 5.9 想定する破壊モードと安定計算法··················· 95
 5.10 表面材··· 99
 5.11 構造細目·· 100

第6章 施 工··· 103

 6.1 一 般·· 103
 6.2 施工手順·· 106
 6.3 施工計画·· 107
 6.4 掘削工··· 108
 6.5 足場工··· 111
 6.6 表面材設置工··· 114
 6.7 補強材設置工··· 124
 6.8 頭部定着工·· 133
 6.9 その他の工種··· 135
 6.10 施工管理·· 137
 6.11 施工中の観察・点検·································· 140
 6.12 計 測·· 142
 6.13 施工記録·· 149

第7章　引抜き試験 ･･････････････････････････････････････ 153
　　7.1　一　　般 ･･････････････････････････････････････ 153
　　7.2　適合性試験 ････････････････････････････････････ 156
　　7.3　受入れ試験 ････････････････････････････････････ 161
　　7.4　記　　録 ･･････････････････････････････････････ 163

第8章　維持管理 ･･ 165
　　8.1　一　　般 ･･････････････････････････････････････ 165
　　8.2　維持管理の方法と点検の着目点 ･･････････････････ 166
　　8.3　対　　策 ･･････････････････････････････････････ 169
　　8.4　記　　録 ･･････････････････････････････････････ 170

参考資料 ･･ 173

第1章 概　説

1.1 適用範囲

本マニュアルは，地山（自然地盤と既設盛土）を対象とし，自然斜面，切土のり面および盛土のり面の安定化を目的として地山補強土工法を本設構造物として用いる際の調査，計画，設計，施工および維持管理に適用する。

【解説】

　地山とは，**解説表** -1.1 に示すように自然地盤および人工の地盤（既設の盛土）など，自然・人工を問わず既に存在する地盤をいう。さらに斜面を有する自然地盤は斜面の形状から自然斜面と切土のり面に分けられる。また，人工地盤の盛土の斜面部分は盛土のり面という。さらには，切土のり面や盛土のり面のように人工的に斜面を造成したものを人工斜面あるいはのり面という。

解説表 -1.1　地山と斜面に関する用語の区分

斜面を持つ地山	斜面の形状	
自然地盤	自然斜面	
	切土のり面	人工斜面
人工地盤（盛土）	盛土のり面	（のり面）

　本マニュアルは，比較的使用実績が多い切土安定化工法，切土補強土壁工法，地山安定化工法を対象とする。また，地山補強材の補強効果としては引張り補強効果，せん断補強効果，曲げ補強効果などが期待できるが，本マニュアルでは安全側への配慮から設計で考慮する補強効果について，引張り補強効果だけを取り扱うものとする。他の補強効果については研究の進展を待って取り入れるものとする。

（1）地山補強土工法の定義

　盛土補強土工法は，新設の盛土を対象に盛土内に補強材を配置して補強土構造体を形成する工法である。これに対して地山補強土工法とは，自然斜面，切

土のり面あるいは既設盛土を対象に，地山内に補強材を構築し補強土構造体を形成する工法である。補強材にあらかじめプレストレスを加えずに，地山の変形に伴い補強材へ受働的に作用する抵抗力により変形を拘束し，地山を安定化させるため，グラウンドアンカーとは異なる補強メカニズムを有している。

（2）地山補強土工法の歴史と適用

地山補強土工法は，1950年代にヨーロッパにおいて自然地山の斜面あるいは切土のり面に引張り補強材を配置し，斜面や切土面を安定化する工法として開発された。日本では1970年代にトンネルの支保工として吹付コンクリートとロックボルトによるNATM工法が技術導入されたのを契機に，トンネル坑口などの斜面安定化工法としても採用されるようになった。このため，当初は「開削NATM工法」とも呼ばれていたようである。しかしながら，坑口だけでなく切土や斜面の安定化工法として適用が拡大するにつれて「鉄筋補強土工法」という名称が定着した。その後，新たな用途として，掘削仮土留め工や既設盛土のり面の急勾配化工事，基礎の補強工事など，用途が拡大するようになった。また，補強材として鉄筋以外のものも使用されるようになってきたのを受け，「地山補強土工法」に名称を改めた[1]。

解説図-1.1に地山補強土工法の適用例を示す。

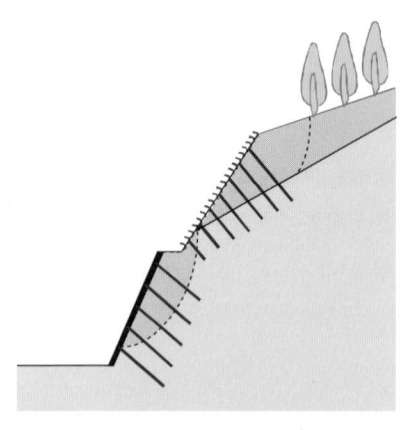
(a) 切土のり面と自然斜面の安定化

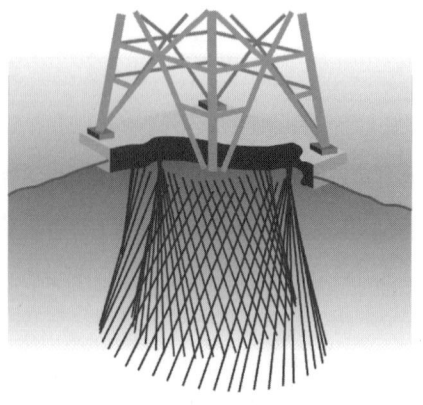
(b) 支持力補強

解説図-1.1 地山補強土工法の適用例[1]

自然斜面および切土や盛土ののり面などの地山の斜面の安定化については，旧日本道路公団や旧日本鉄道建設公団において基準化[2)～4)]が図られ，多くの実績を有している。したがって，本マニュアルの適用は，主として地山の斜面あるいはのり面の安定化に関する工法について取り扱う。その他，地盤の支持力向上のための補強やアンダーピーニング，掘削土留め工への適用もなされているが，使用実績がまだ少ないことから取り扱いの範囲外とした。また，本マニュアルでは本設構造物を対象としているので，使用する補強材が耐久性やクリープ性能，防食性等，長期の使用に関する性能を有していることが前提条件となる。

（3）工法の優位性

地山補強土工法は盛土補強土工法とならび開発の歴史は比較的浅く，地盤工学分野においては比較的最近の工法である。補強土工法の特徴は，自立性が小さい盛土ののり面や自然斜面あるいはその切土ののり面を，地山補強材ならびに支圧板などの表面材を用いて補強することにより自立性を向上させることにある。

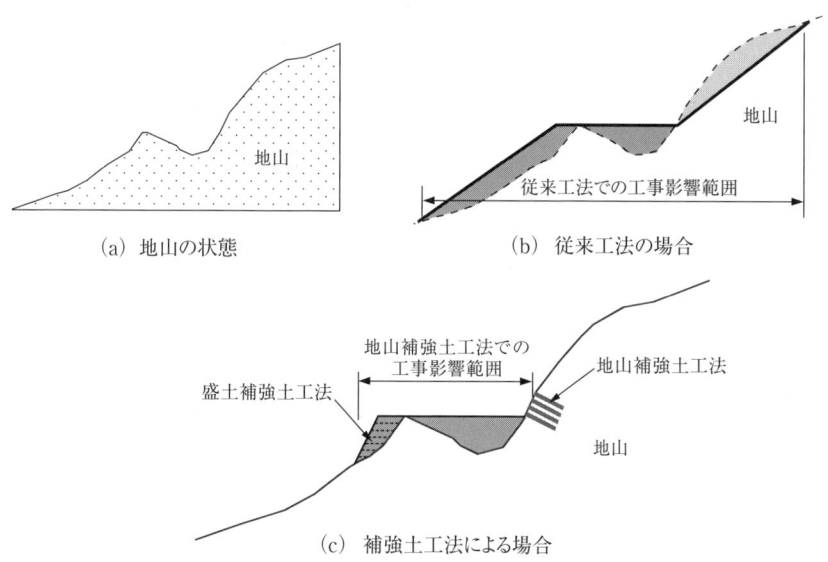

解説図-1.2　従来工法と補強土工法による斜面工事の比較

地山を鉛直あるいは急勾配とする従来工法としては，片持ち梁構造の擁壁などを建設するか，解説図-1.2に示すように，のり面を安定になるように緩斜面にして切り盛り工事をする必要がある．一方，盛土補強土工法および地山補強土工法では，狭い専有面積に自然環境をなるべく改変せずに安定性が高く急勾配ののり面・壁面を経済的に短期間で建設できることから，近年，使用が増加している．

解説図-1.3は，平地部で新たに道路・鉄道・住宅等のために敷地を作り出す場合の工事例である．従来工法では，施工工程が多数となり大規模な仮設構造物が必要となり，工事の影響面積も広い．また，抗土圧擁壁を建設するために，基礎地盤の状況にもよるが杭が必要となる場合が多い．一方，地山補強土工法を採用した場合は，施工工程が少なくなり仮設構造物が不要となるととも

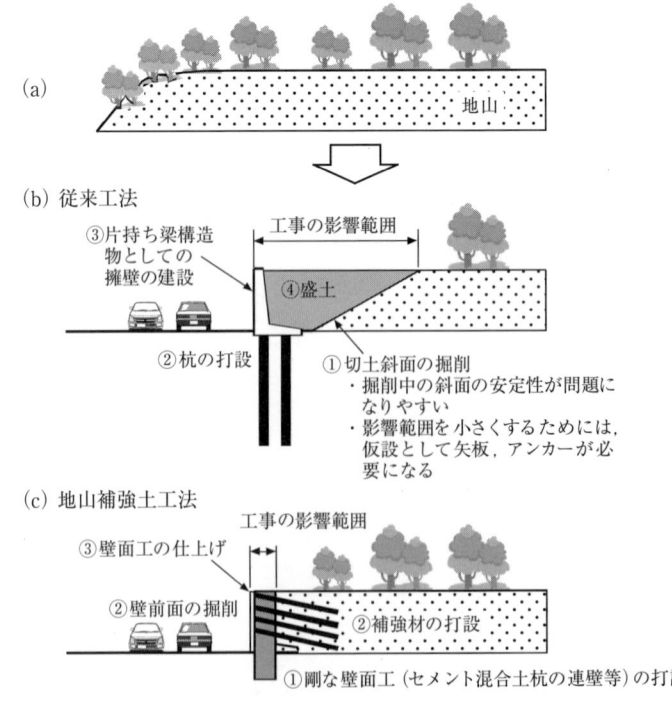

解説図-1.3 従来工法と地山補強土工法による壁体工事の比較[5]（加筆修正）

1.2 地山補強土工法の構造と特徴

　地山補強土工法は，地山と補強材・表面材等を構造とし，これらの相互作用によって斜面の安定性を高めることに特徴がある。適用にあたっては，その特徴と考え方を十分理解した上で用いる必要がある。

【解説】

（1）基本的な構造

　解説図-1.4に地山補強土工法の基本的な構造を示す。

　本工法は，地山内に複数の補強材を設置し，掘削面は表面材で被覆し，補強材と表面材を頭部定着材で連結することにより地山の安定化を図るものであり，種々の構造部材から構成される。

　このうち補強材は芯材と定着材から構成され，一般的な施工手順としては，始めに削孔を行い，その中に鉄筋などの比較的短い棒状の引張り芯材を挿入し，定着材を注入することによって構築される。

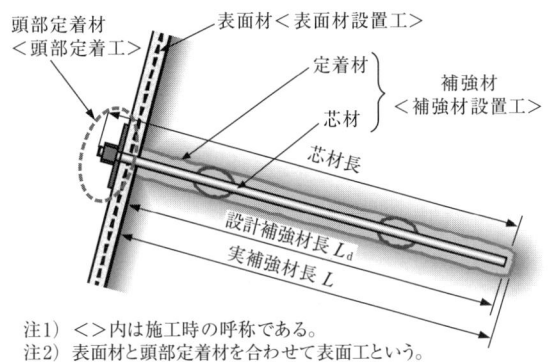

注1）＜　＞内は施工時の呼称である。
注2）表面材と頭部定着材を合わせて表面工という。
注3）設計補強材長はL_d，実補強材長Lと比べて小さい方をいう。

解説図-1.4　地山補強土工法の基本的な構造

　芯材は，棒鋼芯材（全ねじ，異型，ねじり，全ねじ中空）やFRPロッド（FRP: Fiber-Reinforced Plastic：繊維強化プラスチック）などが使用される。これまでの実績や経済性から，一般には鉄筋（棒鋼芯材）が使用されることが多いが，本マニュアルでは恒久構造物としての使用を想定していることから，別途，防食処理対策を施す必要がある。なお，定着材としては一般にモルタル，セメン

トミルク，樹脂などが使用される。

　表面材は，地山表層の侵食や風化を防止する機能に加えて，補強材との相互作用によって地山を拘束して崩壊を防止する効果を有する。

　また，頭部定着材は，構造物に表面材と補強材の芯材頭部とが一体となるように設置する締結機能を有するもので，ナット，プレート，クサビ等がこれにあたる。

　本工法の構造に関する名称は，これまで十分には議論されずに来たため，不統一であった。そこで本マニュアルにおいて新たに名称を定めた。ただし，施工時においては完成時での名称と異なった名称が用いられる場合もあるので注意されたい。

　例えば本工法では，頭部処理の方法や定着方法などによって各種工法が提案されているが，その構造を機能面から分類して，補強材，頭部定着材，表面材と呼ぶことにした。しかしながら施工時においては，それらの材料を設置する工程そのものが対象となるため，その場合には**解説図**-1.4の＜＞内に示すように，設置工などの言葉を加えることとした。

（2）工法の特徴

　地山補強土工法は，グラウンドアンカー工法などの抑止工に比べて簡易であり，狭い専有面積に自然環境をなるべく改変しないで経済的に短期間に建設できる特徴がある。逆に，大きな抑止力が必要となる大規模な地すべりなどに対しては単独での適用が困難となる。

　地山補強土工法の主な特徴を以下に示す。

①補強材，施工機械が軽量・小規模であるため，施工の省力化が図れる。
②のり面を標準勾配より急勾配にすることで，用地・掘削土量の軽減が図れる。
③逆巻き施工が可能なことから，安全な施工が図れる。
④動態観測を行うことにより，施工時の安全性，経済性の向上が図れる。
⑤変状等が生じた場合でも，増打ち等での対応が可能である。

1.3 本マニュアルで取扱う地山補強土工法の分類

本マニュアルでは，主として地山補強土工法を用いた自然斜面と切土のり面および盛土のり面の安定化工法を取扱うものとし，これらを用途および構造的な特徴により，切土安定化工法，切土補強土壁工法，地山安定化工法の3つに分類する。

【解説】

本マニュアルでは**解説図-1.1**に示す地山補強土工法のうち，これまで施工実績が多い自然斜面と切土のり面および盛土のり面の安定化工法を対象とする。このうち，切土工事において地山補強材を用いて標準切土勾配よりは急勾配に掘削する工法を「切土安定化工法」，斜面の下部および既設の盛土を急勾配で掘削して地山補強材により土留め壁を構築する工法を「切土補強土壁工法」，掘削を伴わずに単に既設の盛土や自然斜面を地山補強材により補強する工法を「地山安定化工法」と3つに分類することとした。以下に，それぞれの概要を示す。

（1）切土安定化工法

解説図-1.5に本工法のイメージ図を示す。本工法は**解説図-1.6**に示すように，用地制限などにより自然地盤で標準勾配よりも急勾配に切土を行う場合や，既設切土のり面を用地の有効利用等の目的で急勾配化する場合に用いられる。

本マニュアルでは，鉛直に近い勾配の切土については，「切土補強土壁工法」として取り扱うことにしているため，本工法で取り扱う勾配の目安は，切土標準勾配から1:0.3程度までとなる。なお，設計で想定する変形・破壊モードや，考慮する地盤の諸定数の考え方，表面材の種類については後述する「地

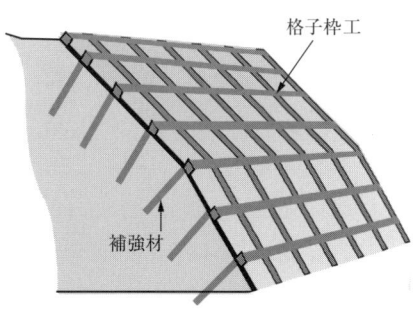

解説図-1.5 切土安定化工法のイメージ[1]

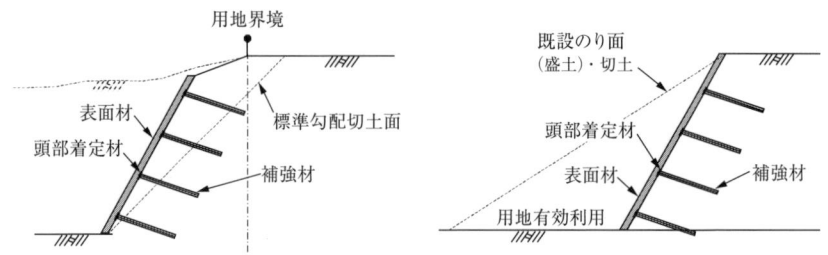

(a) 自然地盤で標準勾配より急な切土を行う場合　　(b) 既設のり面の急勾配化

解説図-1.6 切土安定化工法の例

山安定化工法」と同様である。

本工法については，道路基準[2)]では「切土のり面の崩壊対策や急勾配化」，鉄道基準[3),4)]では「補強切土」として，その適用範囲や設計方法が示されている。

（2）切土補強土壁工法

解説図-1.7に本工法のイメージ図を示す。本工法は主として鉄道で実績がある工法であり，1：0.3程度から鉛直までの急勾配切土に対してコンクリート一体壁と地山補強土材を結合して構造体（補強土擁壁）を形成する。鉄道では，抗土圧擁壁の代替えとして広く適用されている。

ここで，本構造を自立性地山（想定する荷重状態に対して無補強でものり面全体が安定する地山）に使用する場合は，**解説図-1.8**に示すように主として地震時に壁体コンクリートを引き留める目的で短尺補強材（引留め材）だけを配置する。

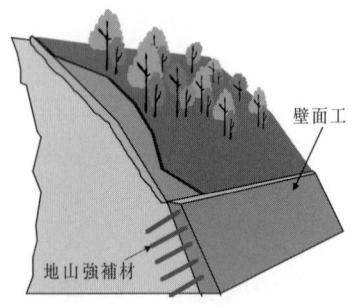

解説図-1.7 切土補強土壁工法のイメージ[1)]

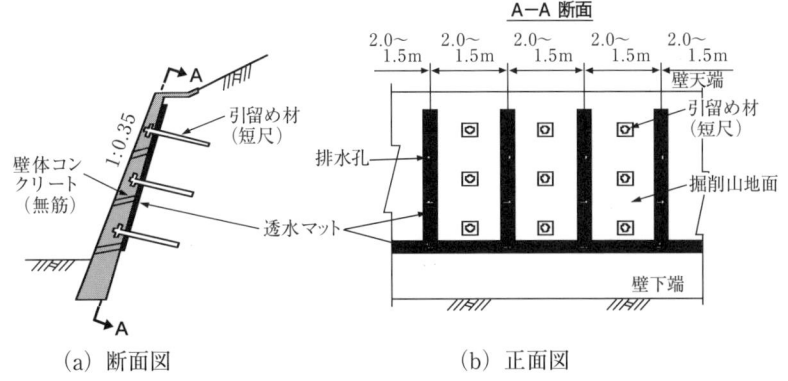

解説図-1.8 自立性地山に対して壁体の耐震性を向上させた場合[3),4)]

一方，非自立性地山（想定する荷重状態に対して無補強では切土のり面が安定しない地山）に使用する場合は，**解説図-1.9**に示すように想定する荷重に対して十分な安定が得られるように長尺の補強材を配置する。

自立性地山では，一般的には全高さを掘削した後に補強材を打設し，壁体も無筋コンクリートが用いられ

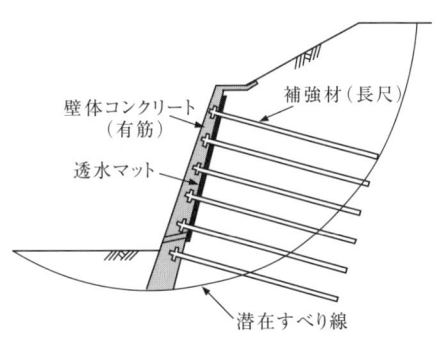

解説図-1.9 非自立性地山の場合[3)]

ることが多い。一方，非自立性地山では，自立性の程度に合わせて段階的に施工するとともに，壁体には鉄筋コンクリートが用いられることになる。また，非自立性地山において地山強度が小さい場合には，通常のネイリング（削孔径5cm程度以下の小径補強材）を用いて設計すると長い補強材を多密に打設する必要があることから，ダウアリング（地盤改良方式で造られた40cm程度の大径補強材）を用いた方が経済的となる場合が多い。ただし，岩や玉石などを多く含む地山では，施工上の理由からダウアリングが不適となる場合がある。その際には，ケーシングなどを用いてネイリングよりは大きな径での削孔を可能としたマイクロパイリング（直径10cm程度の中径補強材）を用いるとよい。

また，既設盛土などのように極端に自立性が低い地山においては，小段の掘削でも地山が安定性を失うことも考えられるため，掘削面に対して事前に地盤改良や親杭などの先行支保工を配置するなど，施工中における安全性の確保に対して十分に留意する必要がある。その他，本工法における留意点を以下に示す。

①寒冷地における凍上対策
②切土面の安定のための排水工の計画
③表面工やコンクリート一体壁を用いる場合の目地

（3）地山安定化工法

解説図-1.10に本工法のイメージ図を示す。本工法は解説図-1.11に示すように掘削を伴わないで，自然斜面や既設切土，既設盛土の補強などに用いられる工法であり，自然斜面や自然地山や既設盛土ののり面に対して，安定性や変形性を向上させる際に用いられる。

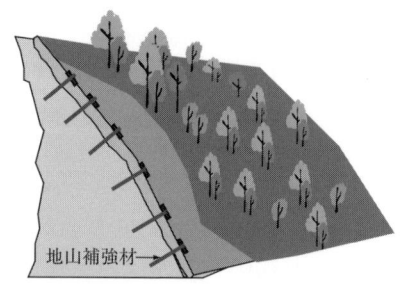

解説図-1.10　地山安定化工法のイメージ[1]

従来は，常時状態において表層部分の風化や降雨の影響等による斜面の崩壊が懸念される場合に用いられることが多かった。しかし，最近では地震の影響による斜面の崩壊が懸念される箇所に用いられることもある。なお，本工法に関しては，道路基準[2]では「崩壊対策に用いる場合」として，鉄道基準[3],[4]では「盛土・切土の補強」として，その適用範囲や設計方法が紹介されている。

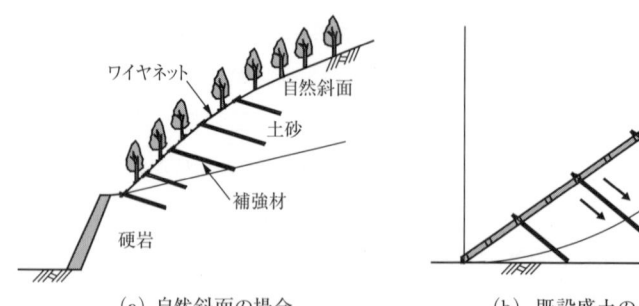

（a）自然斜面の場合　　　（b）既設盛土ののり面の場合

解説図-1.11　地山安定化工法の例

本工法は，自然斜面を対象として用いられる際には，環境や景観への配慮から表面材や頭部定着材として簡易な支圧プレートやワイヤネット，繊維補強土などが用いられることが多い。また，本工法で自然斜面を補強する場合は対象となる範囲が大きくなる傾向にある。このことから，効率よく補強するために樹木の根系による補強効果を考慮し，それによる斜面の安定化に不足分を補強材によって補う方法が提案されている。**解説表**-1.2や**解説図**-1.12に示すように，森林や樹木の根系は表面材や補強材と同様の働きがあり，斜面の安定性に寄与していることは定性的には理解されている。しかしながら現段階では，樹木の成長や衰退に伴う斜面安定効果への影響程度，根系の三次元形状・強度特

解説表-1.2　森林の斜面安定効果

土砂災害形態	森林保全効果	斜面の安定化への影響	
		プラス面	マイナス面
表面侵食	有り	○地表面被覆が保護材としての機能 ○森林土壌が雨水を浸透させ表面流を減少	無し
表層崩壊 （根系の深さより浅い崩壊）	有り	○根系による土のせん断強度増加 ○被覆による基岩の風化抑制 ○断熱効果による凍上防止	○樹木自体の重さ ○風によるゆさぶり ○根系発達による風化
深層崩壊 （根系の深さより深い崩壊）	無し	無し	無し

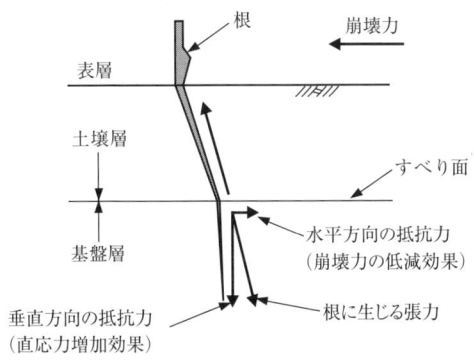

解説図-1.12　樹木根系による補強メカニズムの概念[6]

性・恒久性に対する考え方などが不明確であることから，設計においては積極的に反映されていない。そこで，**解説図 -1.13** に示すように，根系には表層崩壊に対する補強効果だけを期待することとし，別途，表層と基盤層をネイリングで連結することにより自然斜面全体の安定化を図る方法が提案[7]されている。さらに，その際の補強メカニズムは，同図（b）に示すように杭的な変形，すなわち地盤の変位を考慮した文献[8]の研究を引用している。ただし，現行では安全性に配慮して引張り補強効果だけを取り扱うことが多い。合理的な設計を行うためには，今後の研究の進展が待たれる。

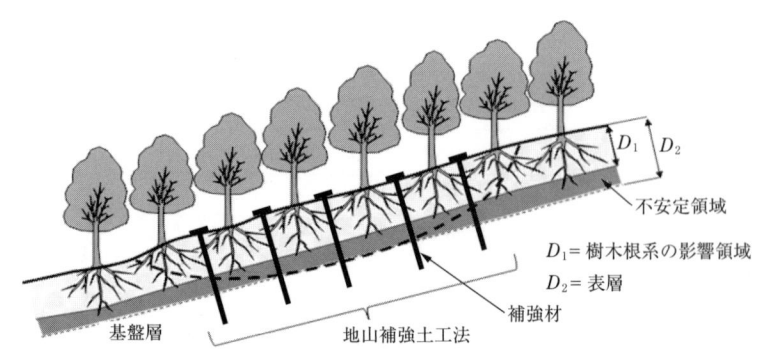

(a) 自然斜面に適用した場合の概念図

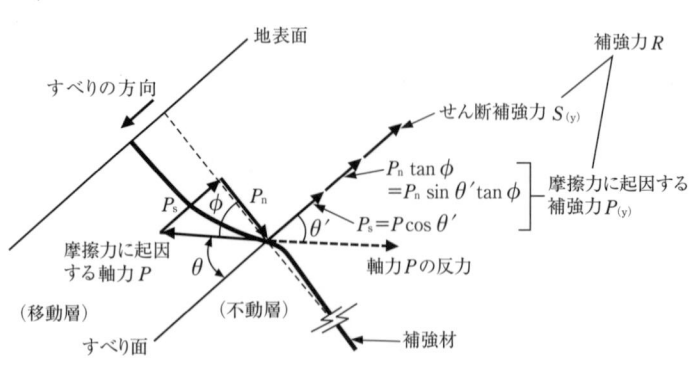

(b) 補強材の杭的な変形を考慮した補強メカニズム[8]

解説図 -1.13 自然斜面に適用した場合の地山安定化工法の概念図と補強メカニズム[7]

解説図-1.14 は，提案工法において支圧板と補強材を頭部連結材（ワイヤ）で連結した例である。なおこの工法は，解説図-1.15 に示すように樹木根系を模擬したものであり，直根を補強材に，樹根を支圧板に，側根を頭部連結材に役割を見立てて配置したものである。

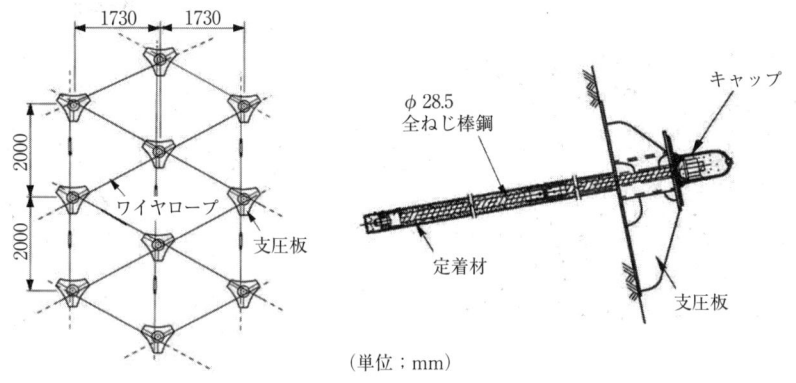

解説図-1.14　ワイヤ連結型工法の概要[7]

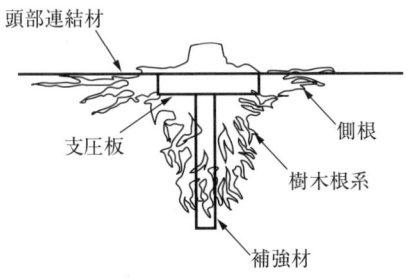

解説図-1.15　表層における樹木根系の補強モデル化[7]

1.4 補強材の種類による分類

地山補強土工法に用いる補強材は，剛性や形状（細長比）の違いにより，ネイリング（小径補強材），マイクロパイリング（中径補強材），ダウアリング（大径補強材）の3つに分類する。

【解説】

（1）補強メカニズム

地山補強土工法を適用する場合は，補強土工法の補強メカニズムを理解し適切に用いる必要がある。

解説表-1.3 は，本マニュアルの対象である地山補強土工法と，新設盛土を構築する盛土補強土工法との比較例である。両者は最終的には同じような形状となるが，施工・設計の観点から比較すると，用いる補強材の形状（面状／棒状）や設置方向（水平／任意角度），構築手順（盛立て／掘削）などが異なる。このため，補強効果の発現の仕方に若干の違いがある。

すなわち，盛土補強土工法では，補強土工法における潜在すべり面より奥での補強効果は，補強材と土との摩擦によって得られる引抜き抵抗力と補強材破断強度の両者を比較して，小さい方によって決定される。このため，摩擦が十分に得られる面状補強材（ジオテキスタイル）を用いて構築される補強盛土の場合は，主として補強材の破断強度で決定される。加えて補強材の配置角度も施工上の制約から水平方向に限られるため，補強材の引抜き抵抗力や設置角度の影響を設計上で厳密に取り扱う意義は小さい。逆に設計破断強度については，安定性の評価に直接影響を与えるため入念な検討が必要となる。

解説表-1.3　盛土補強土工法と地山補強土工法の相違点

	(a) 盛土補強土工法	(b) 地山補強土工法
略　図	ジオテキスタイル／面状補強材	のり面防御工／支圧板／ネイリング／棒状補強材
補強材配置	基本的には水平方向に配置	任意角度に配置可能
補強材の評価	一般に破断強度に依存	一般に摩擦力に依存

一方，地山補強土工法の場合は，棒状の補強材が三次元的に配置されるため，土と補強材との接触面積が相対的に小さくて引抜き抵抗力も得られにくい。しかし，引張り芯材については，引抜き抵抗力に見合う破断強度のものを選択することができるため，補強効果としては主として補強材の引抜き抵抗力によって定まる。さらに，盛土補強土工法の場合と異なり，補強材の設置角度は水平より下向きであれば原則的に自由に設定できるため，合理的な設計を行おうとする場合には補強効果の設置角度依存性をできるだけ正確に評価する必要がある。

　ここで，地山補強土工法における補強効果について考える。**解説図-1.16** は，補強材とすべり面の相対的な位置関係に起因した補強効果の違いについて模式的に示したものである。補強材に作用する力（引張り，せん断，圧縮）は，主として補強材の方向と地山内に発生しようとする最小主ひずみ（伸びひずみ）

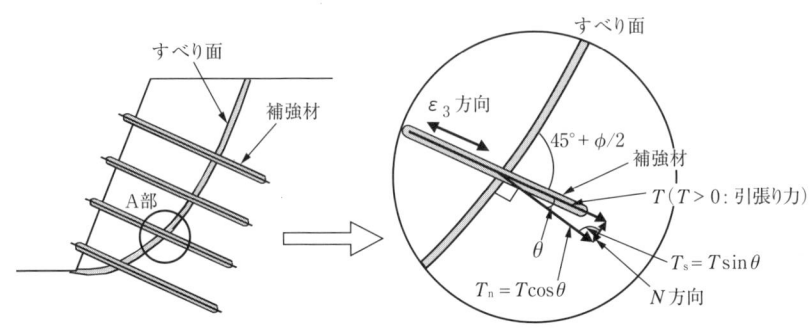

(a) A部（引張り補強）

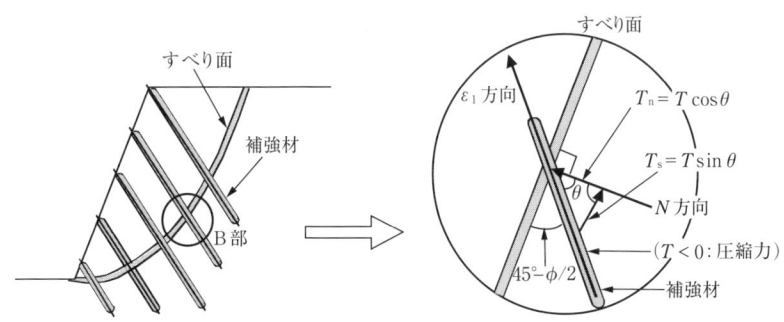

(b) B部（圧縮補強）

解説図-1.16　設置角度による補強効果の違いの説明図

の方向との関係，すなわちすべり面の方向との相対的な関係で決定される。例えば補強材の方向が斜面に直交していて比較的水平方向に近い場合の図中A部では，すべり面の直交（N）方向より上向きに位置するため補強材には主として引張り力（$T>0$）が作用する。

これに対して，補強材の方向がより鉛直方向に近い場合のB部では，補強材の方向が最大主ひずみ（圧縮ひずみ）の方向に近くなるため補強材には圧縮力（$T<0$）が作用することになる。

一方，すべり面と補強材がほぼ直交する場合には，補強材には主としてせん断力が作用するが，解説図-1.17に示すように地山の強度とのかね合いで，せん断補強効果が卓越するのか，曲げ補強効果が卓越するのか決定される。

例えば，岩盤のように堅固な地盤では，解説図-1.17（a）のように補強材はすべり面近傍だけで不連続に変形することになり，補強効果は補強材のせん断強度で決定されるが，緩い土砂地盤では，補強材が地盤の硬さに対して無視できない適度な曲げ剛性を有しているので，解説図-1.17（b）のようにしなやかに連続的に変形する。このため，すべり面近傍では，補強材の曲げ抵抗に基

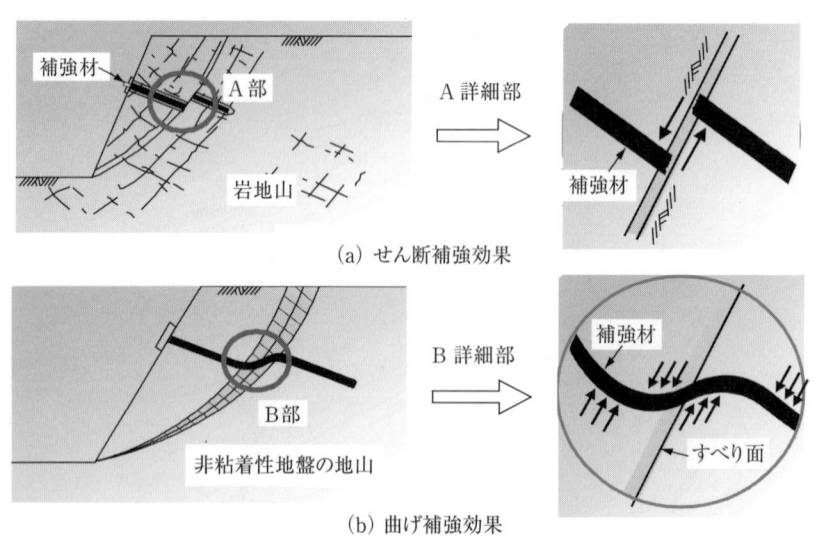

解説図-1.17　せん断補強効果・曲げ補強効果の違いの説明図

第1章 概 説

づく補強効果が卓越することになる。ただし，曲げ補強効果が発揮されるためには，補強材に押し込まれて前面地盤が受働土圧を発揮するまで相当大きく変形する必要があるため，許容変形が小さい箇所において，このような曲げ補強効果を期待することは危険となる。

(2) 補強材の種類

解説図-1.18 は地山補強材を，主として細長比をパラメータとしてネイリング，マイクロパイリング，ダウアリングの3種類に分類し，概括的に整理したものである。また，**解説表**-1.4 に地山補強材の施工方法の例を示す。

これら補強材の選定方法としては，硬い地山で引張り補強効果やせん断補強効果を期待したい場合にはネイリングが，軟らかい地山で引張り補強効果だけではなく曲げや圧縮補強効果も期待したい場合にはマイクロパイリングやダウアリングが選定されるのが一般的である。以下にそれぞれの概要を示す。

1) ネイリング（Nailing）

ネイリングとは，細長比が大きく曲げ剛性の小さい補強材を地山に配置して，主として補強材の引張抵抗によって地山の安定性を向上させる工法であり，補強材の直径は約10cm程度以下である。代表的な工法として，ソイル

工法名	ネイリング工法	マイクロパイリング工法	ダウアリング工法
略図	のり面防護工／支圧板／補強材（鉄筋）		吹付け／壁面工／排水工
概要	細長比が大きく曲げ剛性の小さい補強材を地山に配置して，主として補強材の引張り抵抗によって地山の安定性を向上させる工法で，代表的な工法としてソイルネイリング，アースネイリング工法などがある。	ネイリングとダウアリングの中間的な曲げ剛性，断面積を有し，補強材の引張り抵抗のほか，曲げ抵抗および圧縮抵抗によって地山を補強する工法でルートパイル工法などがある。	細長比が小さく剛性の大きい補強材を地山に配置して，補強材の引張り抵抗のほか，曲げ抵抗および圧縮抵抗によって治山の安定性を向上させる工法で，ラディッシュアンカー工法などがある。

解説図-1.18　補強材の種類と概要

解説表-1.4　地山補強土材の施工方法の例

工法名	施　工（標準仕様）		注　入	
	削孔			
	削孔方法	削孔径*1(mm)	材料	注入方法
ネイリング	一般の削孔機による	φ40～90	セメントミルク	通常，無加圧
	注入併用式削孔機	φ45～66*2		削孔同時注入・加圧
	ロータリーパーカッション削孔機・ケーシング削孔	φ90		通常，無加圧
マイクロパイリング	ロータリーパーカッション削孔機	φ90～135	硬化膨張性モルタル	通常，無加圧（エアー加圧）
	ロータリーパーカッション削孔機・ケーシング削孔	φ170～225	セメントミルク	通常，無加圧
ダウアリング	機械撹拌混合方式	φ300～400 標準はφ400	セメントミルク	注入撹拌

＊1：表中の数値は削孔ロッド径を示している。
＊2：加圧注入によって削孔径は地質に応じてφ80～120mm程度まで拡径される。

ネイリング工法，アースネイリング工法などがある。ロックボルトや鉄筋補強土工法と呼ばれる範ちゅうの工法で用いられる補強材のほとんどは，この分類に含まれる。

2) マイクロパイリング（Micro-piling）

マイクロパイリングとは，ネイリングとダウアリングの中間的な細長比，曲げ剛性を有する補強材を地山に配置して，補強材の引張り抵抗のほか，曲げ抵抗及び圧縮抵抗によって地山を補強する工法である。最近では芯材に小径鋼管を用いて，曲げや圧縮耐力を増加させ，小径杭として用いられる場合もある。代表的な工法として，ルートパイル工法（直径10～30cm）がある。

3) ダウアリング（Dowelling）

ダウアリングとは，細長比が小さく曲げ剛性の大きい補強材を地山に配置して，補強材の引張り抵抗のほか，曲げ抵抗および圧縮抵抗によって地山の安定性を向上させる工法である。代表的な工法として，地盤改良系の補強材であるラディッシュアンカー工法[9]（直径30～40cm）がある。特に周面摩擦力が得られにくい盛土や崩壊性地山で使用される。

（3）地山の変形と補強効果

　地山補強土工法における補強効果は，地山の変形に伴って受働的に補強材に抵抗力を発揮させて地山の変形を拘束することにある。このため，補強効果の大小は，地山と補強材との相対的な変形性に大きく依存する。

　解説図-1.19は地山の変形と各補強効果の発現状況の定性的な関係を示す。本マニュアルで，この図に示す関係は補強材が部材破壊（せん断や曲げ破壊，芯材の破断など）しないことを前提としている。また補強効果は，地山の諸元（変形係数，内部摩擦角，粘着力等）や補強材の諸元（引張り剛性，断面積，摩擦係数，長さなど）に依存するため，同図における曲げ，せん断，引張り，圧縮の各補強効果の大小は定性的なものであり，定量的な意味を持たない。

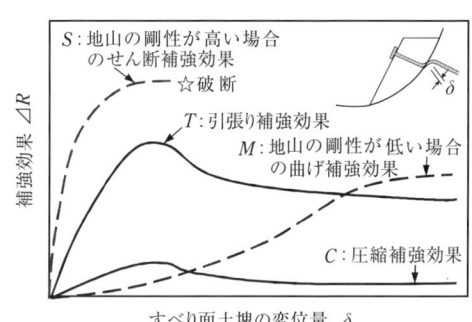

解説図-1.19　補強材の補強効果と変形の概念

　ここで，実際の補強効果としては，引張り補強 T と圧縮補強 C（図中の実線）がそれぞれ，またせん断補強 S と曲げ補強 M（図中の点線）がそれぞれ，同時に発揮されることはない。しかし，引張りもしくは圧縮補強と，せん断もしくは曲げ補強は同時に発揮される場合がある。それぞれの効果が地山の変形に関わらず同時に最大値が発揮されることは通常なく，地山の変形につれてそれぞれの補強材力は異なった速度で受働的に高まる。また，それぞれの補強効果が地山変形に伴って発揮される速度は，地山の剛性に大きく依存する。地山の剛性が大きい場合は，せん断補強効果が引張り（もしくは圧縮）補強効果と同様に，比較的変形の初期から発揮される。一方，地山の剛性が小さい場合は，曲げ補強効果は変形が進むに連れて徐々に発揮され，その速度は引張り（もしくは圧縮）補強効果が発揮される速度よりもかなり小さくなる。したがって補強効果を算定する際には，異なる補強効果のピーク値を単純に重ね合わせて算

定してはいけない。本マニュアルでは，これらに配慮して，曲げ剛性やせん断補強効果を期待できるダウアリングやマイクロパイリングにおいても設計上はネイリングと同様に引張り補強効果だけを考慮することとした。これらは，当面の処置であり，今後研究が進み施工実績が十分に増えれば再検討する必要がある。

　また，ある程度の変形を許容した地山補強土工法を設計する場合には，地山の変形に応じた補強効果を適切に算定する必要がある。しかし，現行の斜面安定計算では地山と補強材を剛完全塑性体と仮定しているので，これらのことを評価できない。今後は，現行のように地盤や補強材を剛完全塑性体として計算するのではなく，むしろ杭などの設計で行われているように補強材を棒部材，地盤を非線形バネと評価し，変形量の概略値が算定できるような設計法の導入が望まれる。また，引張り補強に関しては，地山が最も伸びる方向に配置すると最大の補強効果が得られることが知られており，実際，鉄道基準[10]ではこの影響を低減係数として考慮しているが，その適用はまだ一般的ではない。したがって，このような影響を本マニュアルに取り入れることに関しても今後の検討課題とした。

(4) 地山補強材の構造上の特徴

　地山補強土材は，既存の自然斜面や切土などの地山を削孔し，鉄筋などの芯材を設置する施工法が一般的である。以下にこれを基本として，地山補強材の構造や施工，材料等に関する特徴を示す。

1) 補強材の施工法

　補強材を地山中に設置する施工法としては，一般の削孔機による削孔，ケーシングを用いた削孔などの方法がある。施工法の選定にあたっては対象とする地山の性状，必要とする補強材長，現場の状況を十分に把握したうえで，適切な工法を選択する必要がある。

　特に，補強材設置工のうち，削孔に関わる施工費が全体工費の中で，比較的高い割合を占めていることに注意を要する。また，各種補強材の適用性は，**解説図 -1.20** に概念的に示すように，補強材径や地山強度により異なってくるので，土質調査結果等を踏まえて適切に選定する必要がある。

第1章 概　説

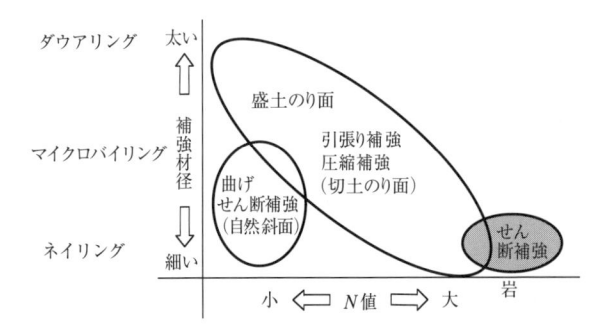

解説図-1.20　地山強度と補強材の適用性

2）補強材の設置角度（θ）
　地山補強土工法は，削孔による施工であることから，下向きであれば任意の角度に補強材を設置できる。このため，地山内で生じようとする最小主ひずみ方向に設置するなど，補強原理に基づいた効率的な設置が可能となる。また，地山の状況や施工条件および用地条件などに応じて適宜，設置角度（θ）を変えることも可能である。

3）その他
　地山補強土工法を恒久構造物に適用する場合には，補強材としての鋼製芯材や頭部定着材の腐食に対する配慮が必要となる。
　一方，地山補強工の補強メカニズムは，補強材が全長にわたり地山に定着されて，地山との周面摩擦により補強材力が受働的に発揮されることにより得られるものであり，グラウンドアンカーのようにプレストレスを加えることを前提としない。このため，施工後のプレストレスの抜け等に対する継続的な維持管理を要しない。

1.5　表面材（表面材設置工）の考え方
　地山補強土工法に用いる表面材には，補強材との相互作用により地山を拘束する効果が期待されている。このため表面材の選定にあたっては，その機能と特性を十分に把握し，地山の状態や施工条件，補強材の特性などを勘案して適切に選定するものとする。

【解説】

(1) 表面材の種類

　表面材は，地山表層の侵食や風化を防止する機能に加えて，補強材との連結による相互作用により補強材に効率的に引張抵抗力を発現させて，表面材に作用する土圧により地山に加わる拘束圧および補強材に発揮される引張力によって地山の変形を拘束する機能も有する。そこで，本マニュアルでは表面材の機能や役割に応じて，**解説図**-1.21 に示すように壁面材（壁面工），支圧板，のり面保護材（のり面保護工）の３つに大別した。

　ここで，のり面保護材とは，植生に代表されるように主として掘削面の侵食や風化を防止するためのものであり，基本的には補強材との相互作用を積極的には期待していない。一方，壁面材や支圧板は補強材との相互作用を期待して採用することから連結することが前提となる。以下に，**解説図**-1.21 に示す各表面材の概要を記す。

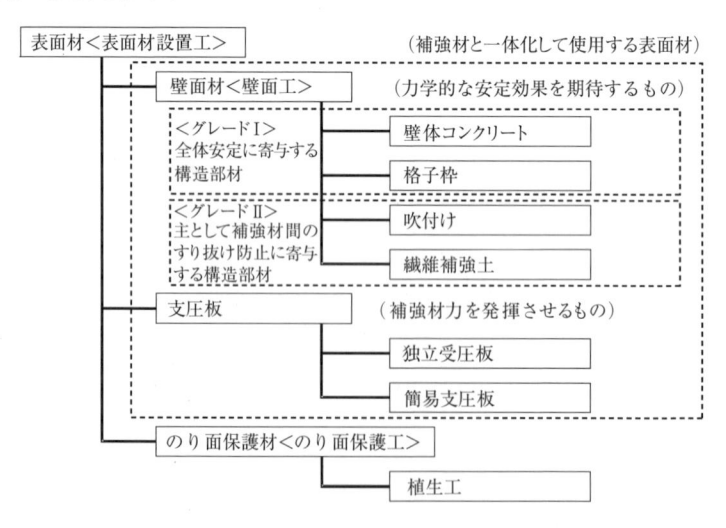

```
表面材＜表面材設置工＞ ─────（補強材と一体化して使用する表面材）
  ├─ 壁面材＜壁面工＞ ─────（力学的な安定効果を期待するもの）
  │    ├─ ＜グレードⅠ＞       ┬─ 壁体コンクリート
  │    │   全体安定に寄与する   │
  │    │   構造部材            └─ 格子枠
  │    └─ ＜グレードⅡ＞       ┬─ 吹付け
  │        主として補強材間の   │
  │        すり抜け防止に寄与   └─ 繊維補強土
  │        する構造部材
  ├─ 支圧板 ─────────（補強材力を発揮させるもの）
  │    ├─ 独立受圧板
  │    └─ 簡易支圧板
  └─ のり面保護材＜のり面保護工＞
       └─ 植生工
```

解説図-1.21　表面材（補強材設置工）の種類

　壁面材は，表面材のうち補強材との相互作用により最も地山の安定性向上への寄与が期待できるものであり，その剛性の程度によってグレードを２区分とした。グレードⅠは，全体的な曲げ剛性が期待できる壁面材であり，壁体コン

クリートなどがこれにあたる。なお，ここでいう「壁体コンクリート」とは，無筋または鉄筋コンクリートのもたれ壁または張りコンクリートのことで，補強材頭部を躯体内部に固定することにより一体化を図るものである。グレードⅡは，補強材間のすり抜け防止などの機能によって地山の部分安定に寄与し，局所破壊に対する安全性の向上が期待できる壁面材であり，吹付けや繊維補強土などがこれにあたる。また，格子枠にはコンクリート吹付けやモルタル吹付けにより構築するものと，場所打ちコンクリートによるものがあり，その仕様によってグレードⅠかⅡかが決定される。

　支圧板は，主として地山に拘束圧を与えるとともに補強材引張力の発現を補助する機能を有するものであり，補強材全長の設計引張り力に見合う支圧力（受働抵抗力）を有するものを「独立受圧板」，全引張り抵抗力以下ではあるが，ある程度の受働抵抗力が見込めるものを「簡易支圧板」と定義した。また比較的小型の支圧板と他の材料（ワイヤやネット等）と組み合わせて，これらの複合的な効果で補強材力を発揮するものを「その他」とした。

　表面材は，**解説表**-1.5，**写真**-1.1 に示すように，従来は力学的効果への期待から，吹付けや格子枠などが採用されることが多かったが，最近では多少，

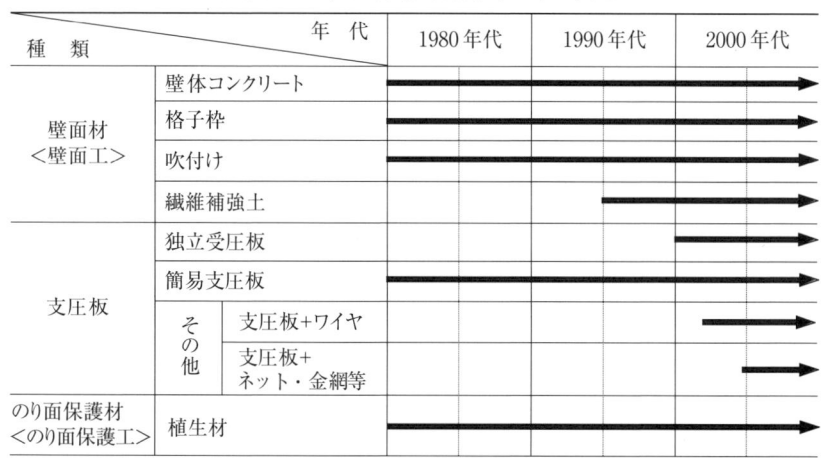

解説表-1.5　表面材（表面材設置工）の変遷

種類			1980年代	1990年代	2000年代
壁面材 <壁面工>	壁体コンクリート		←		→
	格子枠		←		→
	吹付け		←		→
	繊維補強土			←	→
支圧板	独立受圧板				← →
	簡易支圧板		←		→
	その他	支圧板+ワイヤ			← →
		支圧板+ ネット・金網等			← →
のり面保護材 <のり面保護工>	植生材		←		→

(a) 格子枠工 　　　　　　　　(b) 吹付け工

(c) 壁体コンクリート 　　　　　(d) 繊維補強土（施工後）

写真-1.1　表面材の例

補強材の打設長が増えても環境への配慮から，のり面の緑化が容易な支圧板や繊維補強土が用いられる事例が増えている。

（2）表面材の選定

表面材はその仕様によって得られる効果もまちまちであるが，**解説図-1.22**に概念的に示すように用いる補強材の剛性や抵抗力との関係によって，適切に選定する必要がある。例えば同一の地山において，径が小さな補強材を粗に配置した場合には表面材に力学的な効果を期待することが

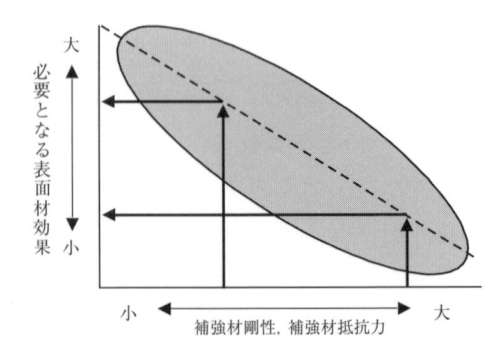

解説図-1.22　表面材の効果と補強材剛性・抵抗力との関係

解説表-1.6　各地山補強土工法で使用される表面材

機能	種別	表面材	工法分類		
			切土安定化	切土補強土壁	地山安定化
補強材引張力の発揮と力学的な安定効果を期待	壁面材グレードⅠ：全体安定に寄与する構造物	壁体コンクリート	—	○	—
		格子枠	○	○	○
	壁面材グレードⅡ：主として補強材間のすり抜け防止に寄与する構造物	吹付け	○	—	○
		繊維補強土	△	—	○
地山に拘束圧を与え補強材引張力の発揮を補助	支圧板	独立受圧板	○	—	○
		簡易支圧板	○	—	△
		その他	△	—	△
表層の侵食等を防止	のり面保護材	植生材	△	—	△

○：よく用いられる。　△：まれに用いられる。　—：実績は少ない。

必要になるため，**解説表-1.6**に示すグレードⅠの表面材が選定される。逆に，径が大きい補強材を多数配置した場合には表面材に期待する効果は小さくて済むため，のり面保護工としての植生材が選定されることもある。このように表面材は，補強材の仕様や設計に合わせて適切に選定するとよい。なお，表面材が補強効果に及ぼす影響等については，**参考資料3**を参照されたい。

参考文献

1) 舘山　勝：地山補強土工法の現状と課題，基礎工，Vol.34, No.5, pp.4～11, 2006.
2) 東日本・中日本・西日本高速道路：切土補強土工法設計・施工要領, 2007.
3) 日本鉄道建設公団：補強土留め壁設計・施工の手引き, 2001.
4) 鉄道総合技術研究所編：鉄道構造物等設計標準・同解説　土構造物, 2007.
5) 龍岡文夫：地山補強土工法の原理・メカニズム，基礎工，Vol.34, No.5, pp.1～3, 2006.
6) 阿部和時：樹木根系が有する斜面崩壊防止機能の評価方法に関する研究，森林総合研究所研究報告, 1997.

7) 岩佐直人：自然斜面に適用した地山補強土工法，基礎工，Vol.34，No.5，pp.65～67，2006．
8) 中村浩之，正野光範：鉄筋補強土工法による斜面補強効果の理論的研究，新砂防，Vol.48，pp.3～10，1995．
9) 舘山 勝，谷口善則：撹拌混合工法による大径補強体の開発，鉄道総研報告，Vol.7，No.4，pp.41～48，1993．
10) 鉄道総合技術研究所編：鉄道構造物等設計標準・同解説 土構造物，付属資料20，棒状補強材の補強効果に関する補正係数，pp.425～433，2007．

第2章 用語・記号

2.1 用語

以下に本マニュアルで用いる用語の定義を示す。

(1) 地山

自然地盤および既設盛土など，自然・人工を問わず既に存在する地盤をいう。

(2) 自然斜面

自然地盤の自然の状態の斜面をいう。

(3) のり面

人工的に造成した斜面のことをいう。のり面には，切土のり面と盛土のり面がある。

表-2.1　地山と斜面に関する用語の区分

斜面を持つ地山	斜面の形状	
自然地盤	自然斜面	
自然地盤	切土のり面	人工斜面（のり面）
人工地盤（盛土）	盛土のり面	

(4) 地山補強土工法

定着材により地山に定着された補強材を多段に配置し，地山の変形に伴って受働的に補強材に抵抗力を発揮させることによって変形を拘束し，斜面の安定化，支持力の増加など，地山の安定性を向上させる工法をいう。

(5) 地山補強材（補強材設置工）

土中で発生する主に引張ひずみを拘束して引張り力を発揮することによりのり面全体の安定性を増加させることのできる棒状の補強材で，引張り力に抵抗する芯材とその周りの定着材から構成されるものをいう。単に補強材と呼ぶこともある。

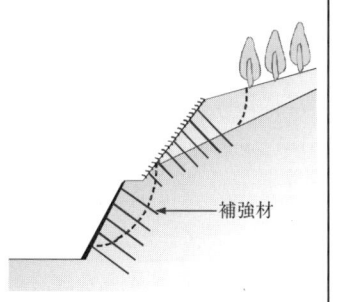

図-2.1　地山補強土工法の適用例（模式図）

なお，補強材を構築する作業を含んだ表現として用いる場合には補強材設置工と呼ぶ。

(6) 芯材

地山補強材中の芯材となる鉄筋，ロックボルト，FRPロッド等の引張り材料をいう。補強芯材もしくは引張り芯材と呼ぶこともある。

(7) 定着材

芯材と地山とを一体化させるために削孔した孔に注入材を充填したり，周辺の地山を攪拌混合することにより形成されるものをいう。なお，注入材としては一般にセメントミルクが用いられる。

(8) 表面材（表面材設置工）

表層の侵食や風化を防止する機能や，補強材との相乗効果によって地山の崩壊を防止する機能を期待し，掘削面または地山表面に配置する材料をいう。なお，表面材を構築する作業を含んだ表現として用いる場合には表面材設置工と呼ぶ。

(9) 頭部定着材（頭部定着工）

補強材と表面材の相互の力を伝達させる構造部材であり，引張り芯材の頭部，プレート・ナット，クサビ等で構成される。なお，頭部を構築する作業を含んだ表現として用いる場合には頭部定着工と呼ぶ。

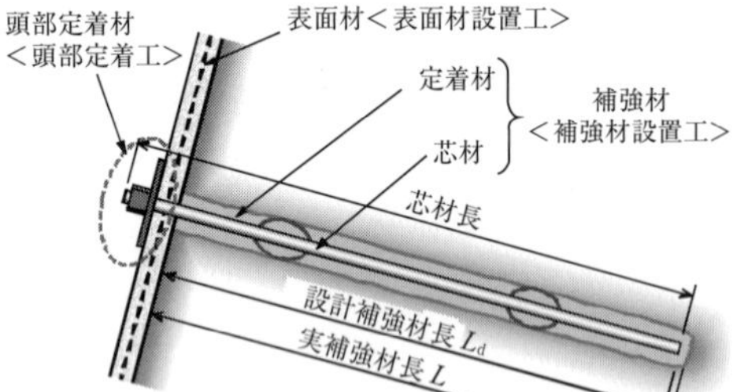

図-2.2 地山補強土工法の基本構造

注1）＜＞内は施工時の呼称である。
注2）表面材と頭部定着材を合わせて表面工という。
注3）設計補強材長L_dは，実補強材長Lと比べて小さい方をいう。

(10) 切土安定化工法

地山補強土工法の一種で，用地制限や用地の有効利用の目的等により，自然斜面・その切土面や既設の盛土のり面の安定化を，土留め壁を建設せずに標準勾配（無補強でも安定化している斜面勾配）よりも急勾配の切土を行う地山補強土工法をいう。

(11) 切土補強土壁工法

地山補強土工法の一種で，鉛直から1：0.3程度までの急勾配切土を行う際

に，土留め壁と地山補強材を連結して安定性を得る工法をいう。

(12) 地山安定化工法

地山補強土工法の一種で，自然斜面・切土のり面，盛土のり面を対象として，掘削を伴わずに地山内部に補強材を配置し，必要に応じて表面材を設置することにより，安定性や変形性を向上させる工法をいう。

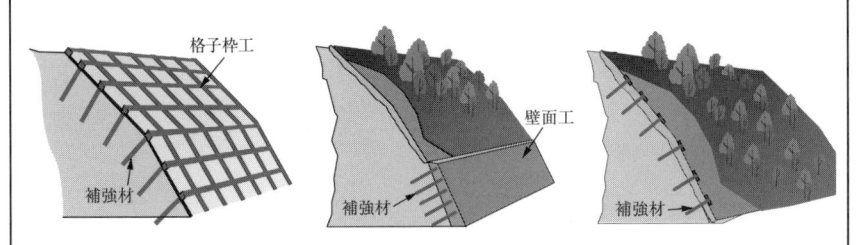

(a) 切土安定化工法　　(b) 切土補強土壁工法　　(c) 地山安定化工法

図-2.3　地山補強土工法の分類

(13) 自立性地山

切土後の形状において，無補強でものり面全体が想定する作用に対して安定している地山をいう。

(14) 非自立性地山

切土後の形状において，無補強ではのり面全体が想定する作用に対して安定しない地山をいう。

(a) 自立性地山の場合　　(b) 非自立性地山の場合

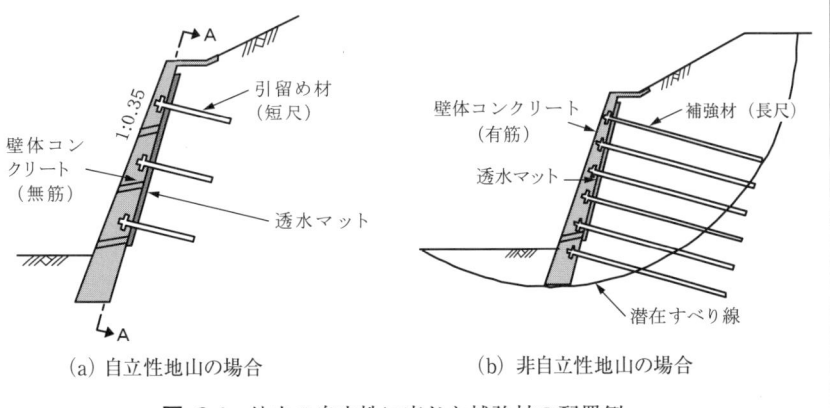

図-2.4　地山の自立性に応じた補強材の配置例

(15) 標準勾配

　無補強で安定が得られる標準的なのり面の勾配をいう。

(16) 補強領域

　地山部分のうち補強材を配置している領域をいう。

(17) 仮想擁壁

　全体安定の検討において，補強領域を剛体であると仮定して外的安定の検討をする場合に，その補強領域を擬似的に重力式擁壁とみなした領域のことをいう。

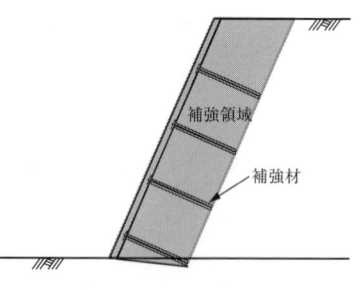

図-2.5　仮想擁壁となる補強領域の模式図

(18) 引張り補強

　補強材を，無補強の場合に土の内部で生ずる引張りひずみの方向に主に配置し，最小主ひずみの絶対値（最大引張りひずみ）を小さく抑えることにより地山の安定性を高めることをいう。
設計上は通常，補強材引張力の効果を締付け効果と引止め効果に分けて，補強効果を算定する。

(19) 圧縮補強

　補強材を，無補強の場合に土の内部で生ずる圧縮ひずみの方向に主に配置し，補強材が周辺の土に支持されながら，土内部での最大主応力を受けもつことにより地山の安定性を高めることをいう。

(20) せん断補強

　補強材を，比較的剛性が高い地山内の変位の不連続面に配置して，主にせん断変位に起因して補強材に生じるせん断抵抗力で土塊を補強することにより地山の安定性を高めることをいう。

(21) 曲げ補強

　補強材を，比較的剛性が低い地山内のひずみの不連続面に配置して，主に曲げモーメントによる抵抗力により地山の安定性を高めることをいう。

(22) ネイリング

　細長比が大きく曲げ剛性の小さい補強材（鉄筋，帯状鋼板等の芯材とそ

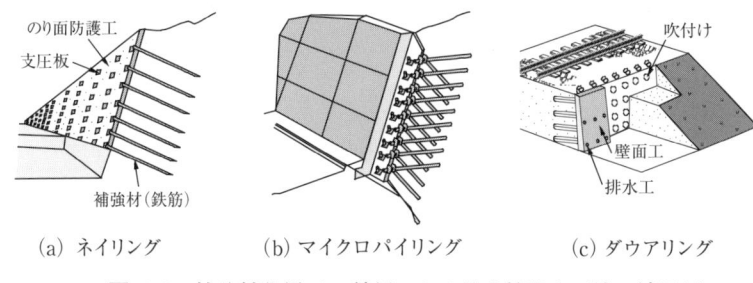

図-2.6 補強材設置工の種類による地山補強土工法の適用例

(a) ネイリング　(b) マイクロパイリング　(c) ダウアリング

れを被覆するセメントモルタル等）を地山に配置して，主として補強材の引張り抵抗によって地山の安定性を向上させる補強材設置工法をいう。なお，補強材を称してネイリングと呼ぶこともある。

(23) マイクロパイリング

　ネイリングとダウアリングで用いる補強材の中間的な曲げ剛性，断面積を有する補強材（鉄筋や鋼管等の芯材とそれを被覆するセメントモルタル等）を地山に配置して，補強材の引張り抵抗のほか，曲げ抵抗，せん断抵抗および圧縮抵抗によって地山の安定性を向上させる補強材設置工法をいう。なお，補強材を称してマイクロパイリングと呼ぶこともある。

(24) ダウアリング

　細長比が小さく剛性の大きい補強材（FRPロッド，鋼管，PC棒鋼などの芯材とそれを被覆する混合固化体等）を地山に配置して，補強材の引張り抵抗のほか，曲げ抵抗，せん断抵抗および圧縮抵抗によって地山の安定性を向上させる補強材設置工法をいう。なお，補強材を称してダウアリングと呼ぶこともある。

(25) 小径（棒状）補強材

　主としてケーシングを用いない削孔によって構築された直径 5 〜 10cm 程度以下の小径の棒状補強材をいう。補強材設置工法としてネイリングもしくは鉄筋補強土工法と呼ばれる場合もある。

(26) 中径（棒状）補強材

　主としてケーシング削孔によって構築された直径 10 〜 30cm 程度の中径の

棒状補強材をいう．補強材設置工法としてマイクロパイリングと呼ばれる場合もある．

(27) 大径（棒状）補強材

機械式攪拌混合工法などによって構築された直径 30 ～ 50cm 程度の大径の棒状補強材をいう．補強材設置工法としてダウアリングと呼ばれる場合もある．

(28) 壁面材（壁面工）

表面材のうち，補強材との相互作用により補強地山の安定に寄与する目的で設置されるものをいう．なお，壁面材を構築する作業を含んだ表現として用いる場合には壁面工と呼ぶ．

(29) 壁体コンクリート

壁面材の一種であり，それ自体の曲げ剛性と補強材との相互作用によって，補強地山全体の安定性を向上できる無筋または鉄筋コンクリートの一体壁をいう．切土面全体をコンクリートで被覆した構造となるため，侵食や表層崩壊の問題も回避できる．

(30) 格子枠

壁面材の一種であり，斜面表面の侵食及び表層破壊の防止といった表面保護工的な機能と，植生基盤材や斜面の被覆保護材としての石材などを安定保持するための棚工的機能とを兼ね備えたものをいう．十分な曲げ剛性が期待できる場合には，補強材との相互作用により補強地山全体の安定性向上にも寄与する．

(31) 吹付け

壁面材の一種であり，風化しやすい岩や風化して剥離崩落の恐れがある岩及び亀裂や節理が多く落石の危険性がある岩のほか，表面からの浸透水により不安定化する土質などの表層崩壊の防止を目的として使用されるものをいう．補強材間の土塊のすり抜け防止にも寄与する．

(32) 繊維補強土

壁面材の一種であり，ポリエステルやポリプロピレン等の連続繊維と湿潤状態の砂質土とを混合したもので，繊維を混入することで耐侵食性と見かけの

粘着力を増加させることにより変形追従性と抵抗性を兼ね備えた表面材をいう。補強材間の土塊のすり抜け防止にも寄与する。

(33) 支圧板（支圧版）

表面材のうち，補強材と連結することによって地山に拘束圧を与え補強材抵抗力が効果的に発現することを補助する機能を期待して設置される板（版）状工作物をいう。

(34) 独立受圧板（独立受圧版）

支圧板の一種であり，補強材の頭部に連結・固定するかたちで設置され，補強材に作用する軸力を地盤に分散伝達させる目的で使用されるブロック状の工作物で，補強材全長で発揮できる設計引張り力と同等な支圧力が期待できるものをいう。

(35) 簡易支圧板

支圧板の一種であり，独立受圧版より規模が小さい矩形状のプレートのことで，頭部プレートとも呼ばれる。補強材全長で発揮できる設計引張り力と同等な支圧力は期待できないが，ある程度の受働抵抗力が見込めるものをいう。

(36) のり面保護工（のり面保護材）

表面材のうち，力学的効果は期待できないが侵食や地山の風化を防止する機能を期待して設置されるものをいう。

(37) 補強材設置角度

水平面に対する補強材の設置角度をいう。

(38) すべり土塊（移動土塊）

斜面安定解析（極限平衡法）において，斜面の外方へすべり出ると仮定した土のかたまりをいう。

(39) 円弧すべり法

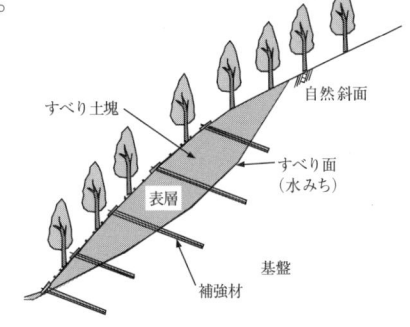

図-2.7 すべり土塊の模式図

棒状補強材による引張り補強効果を考慮して，滑動すべりモーメントに対する土が破壊状態にある時の抵抗モーメントの比が最小になる円弧のすべり面の位置と大きさを求め，その比をすべり安全率とする極限釣り合い安定解析

法をいう。

(40) 直線すべり法

滑動力に対する抵抗力の比が最小になる直線すべりの位置を求め，その比をすべり安全率とする極限釣り合い安定解析法をいう。前記 (39) の円弧すべり法において，すべり円弧の半径を無限大とした場合に相当する。

(41) 2直線すべり法

2つの直線すべり面の角度と2直線の端部と交点の位置を任意に変化させ，滑動力に対する抵抗力の比と転倒モーメントに対する抵抗モーメントの比がそれぞれ最小になる2直線すべりの位置を求め，その比を滑動および転倒に対する安全率とする極限釣り合い安定解析法をいう。あるいは，2つの土くさびの静的な力の釣合いを保つのに必要となる釣り合い補強材力に対して，土くさび以深に定着された補強材抵抗力の比が最小となる2直線の位置を求めて，その比を安全率とする場合もある。

前記 (39) の円弧すべり法で，すべり円弧を2直線で近似した場合に相当する。

円弧すべり法，直線すべり法，2直線すべり法のいずれが最も適切かどうかは，解析対象の補強地山の条件に依存する。所定の補強地山に対しては，求められた安全率が最も小さくなる安定解析法が，最も適切な安定解析法である。

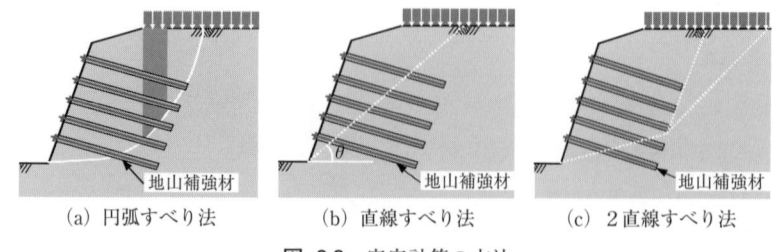

(a) 円弧すべり法　　(b) 直線すべり法　　(c) 2直線すべり法

図-2.8 安定計算の方法

(42) 外的安定

補強領域が剛体であると仮定した場合，もしくはその外側を通る場合の補強地山全体の転倒・滑動等に対する安定をいう。

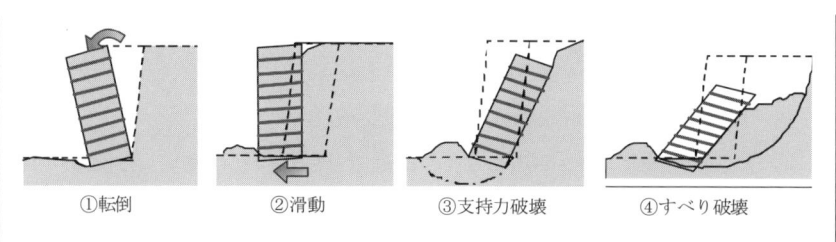

①転倒　②滑動　③支持力破壊　④すべり破壊

図-2.9　外的安定の模式図

(43) 内的安定

　補強領域を剛体とみなさない場合で，個々の補強材や表面材などの破損，または地山の局所的な破壊による補強地山全体の崩壊に対する安定をいう。

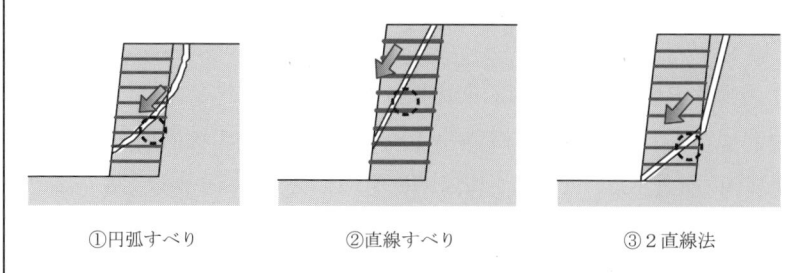

①円弧すべり　②直線すべり　③2直線法

図-2.10　内的安定の模式図

(44) 部分安定

　補強地山を構成する個々の補強材や表面材などの破損，または地山の局所的な破壊に対する安定をいう。

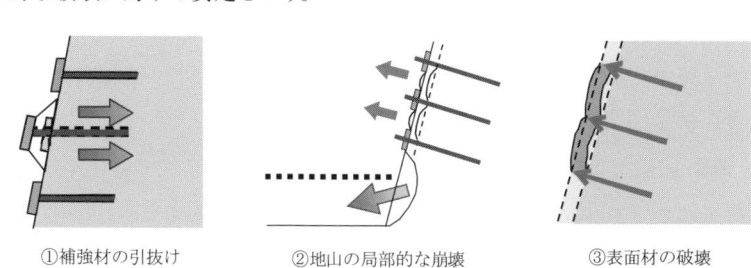

①補強材の引抜け　②地山の局部的な崩壊　③表面材の破壊

図-2.11　部分安定の模式図

(45) 防　食
　鋼材の錆が進行しないように処理することをいう。
(46) FRP ロッド (Fiber-Reinforced Plastic rod)
　プラスチックをビニロンや炭素などの繊維で補強し棒状に成形した構造用引張り材料であり，耐アルカリ，耐酸，耐発錆に優れ，軽量で高強力であるものをいう。
(47) 芯材の許容引張り強さ (T_{sa})
　芯材の降状強度を安全率で除したものをいう。
(48) 芯材と定着材との許容付着力 (T_{ca})
　芯材と定着材との単位面積あたりの付着力度に芯材径と円周率と移動土塊内の長さあるいは不動土塊内の長さ（アンカー長）をかけ，安全率で除したものをいう。
(49) 定着材と周辺地盤との許容摩擦抵抗力 (T_{ba})
　定着材と周辺地山との単位面積あたりの摩擦力度に補強材径と円周率と移動土塊内の長さあるいは不動土塊内の長さ（アンカー長）をかけ，安全率で除したものをいう。
(50) 補強材周面の許容引抜き抵抗力 (T_{pa})
　芯材と定着材との許容付着力 (T_{ca})，定着材と周辺地盤との摩擦抵抗力 (T_{ba}) の小さい方の値をいう。
(51) 表面材による許容支圧抵抗力 (T_{0a})
　表面材による地山表面に作用する支圧抵抗を安全率で除したものをいう。
(52) 移動土塊における許容引抜き抵抗力 ($T_{1pa}+T_{0a}$)
　移動土塊側における補強材周面の許容引抜き抵抗力 (T_{1pa}) と表面材による許容支圧抵抗力 (T_{0a}) の総和をいう。
(53) 不動土塊の許容引抜き抵抗力 (T_{2pa})
　不動土塊側における補強材周面の極限引抜き力を安全率で除したものをいう。
(54) 補強材の許容引張り抵抗力 (T_a)
　芯材の許容引張り強度 (T_{sa}) と，移動土塊での定着材と地山との許容引抜

第 2 章 　用語・記号

き抵抗力（$T_{1pa}+T_{0a}$）と，不動土塊での定着材と地山との許容引抜き抵抗力（T_{2pa}）のうち，最も小さい値をいう。

(55) のり面工係数（f_a）

補強材の長さ（L）とピッチ（S）および表面工の有効幅（$B=A1/2$, A：補強材1本当たりの支圧面積）に基づく係数で，$f_a=L2/B \cdot S$ により算出するものをいう。

(56) 地山拘束力

表面工の支圧（受働）抵抗力に起因した地山表面での拘束力をいう。

(57) 補強材引張り力の低減係数

設計引張り力を算出する際に，許容補強材引張り力に乗ずる係数をいう。

(58) 設計引張り力

定着材と地山との許容引抜き抵抗力をいう。

(59) 計画安全率

斜面の安定性を確保するために設定する安全率の目標値のことをいう。

(60) 土塊のすべり力

すべり破壊を生じさせるすべり面に沿って作用する滑動力をいう。

(61) 土塊のすべり抵抗力

クーロンの破壊規準に基づく土の粘着力と土の内部摩擦角によるすべり面に沿って発揮される抵抗力の合計をいう。

(62) 補強材による抵抗力

補強材による抵抗力には，曲げ，せん断，引張りによる抵抗力があるが，本マニュアルでは，引張り抵抗力のみによる土塊の滑動力の減少分と土塊のすべり抵抗力の増加分をいう。

(63) スペーサー

芯材が削孔した孔の中心に位置するように，補強材に所定の間隔で設置するものをいう。

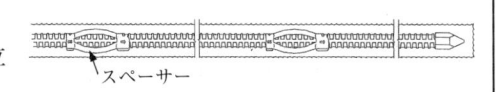

図-2.12　スペーサーの配置例

【解説】
　ここでの用語の定義は，本マニュアルで用いる場合について示したものであるため，一部に関しては他基準等における定義と異なる場合もあることに留意する必要がある。

2.2　記　号

　本マニュアルで用いる主な記号を次のように定める。

ΣT_i　：設計上の補強材抵抗力の総和
W　：補強領域の土塊重量
ε_3　：最小主ひずみ
T_{sa}　：芯材の許容引張り力
T_{ca}　：芯材と定着材との許容付着力
T_{pa}　：補強材周面の許容引抜き抵抗力
T_{ba}　：定着材と周辺地盤との許容摩擦抵抗力
T_{0a}　：表面材による許容支圧抵抗力
T_{1pa}　：移動土塊側の補強材周面の許容引抜き抵抗力
T_{2pa}　：不動土塊側の許容引抜き抵抗力
Q　：すべり面に沿う土塊の滑動力
S　：土塊のすべり抵抗力
ΔS　：補強材による抵抗力

λ　：低減係数
c　：土の粘着力
τ　：極限周面摩擦抵抗力度
$-T$　：圧縮力
A　：補強材1本当たりの支圧面積
ϕ　：土の内部摩擦角
L　：定着長
M_D　：転倒モーメント
M_R　：抵抗モーメント
d　：補強材の直径
l　：補強材の長さ
H　：掘削高さ
ε　：ひずみの管理基準値
P　：引抜き耐力
D　：孔の直径（削孔径）

第3章　調査・計画

3.1　調査の基本

調査は，地山補強土工法を設計・施工する際の資料を得るために実施するものであり，地形・地盤調査のほか，周辺構造物への影響や自然環境保全，景観，地下水・湧水，斜面・のり面高さ，規模等について十分に検討することを基本とする。

【解説】

調査は，地山補強土工法を計画設計・施工，維持管理する際の資料を得るために，段階的，系統的に実施することが基本である。このため，計画時においては，建設計画地の地盤構成を知り，地山補強土工法の適用性を確認する。その後，概略調査から詳細調査へと移行し，調査の数量，密度や精度を高めながら進めることが一般である。このうち概略調査では，地盤構成を把握して詳細調査に向けて必要な調査項目を抽出することを目的として行われる。また詳細調査では，設計に必要な地盤情報を得る目的で実施するため，対象とする地山補強土工法の工学的な課題が存在し，その課題を検討するためにはどのような調査方法が最適であるかを判断して実施することが重要である。このほか，国立公園や史跡・観光地等の景観・環境への配慮が特に必要な地域では，のり面工の表面勾配や構造形式などの適用可能な条件の調査・確認を関係機関と協議し，環境影響評価法や自然環境保全法等の法規に沿って実施する場合がある。

（1）概略調査

概略調査は，地質構造や地盤構成などを求めるために，資料調査，現地踏査や地質調査を主体として計画策定時の地山補強土工法を安全に実施できる地盤であるかを確認する。

資料調査は，**解説表-3.1**に示すような文献等により計画地域の地形，災害履歴や自然環境等の基本条件を把握して，その資料を基本とした現地踏査や地質調査による地質構造や地盤構成等を確認し，地山補強土工の設計・施工に必要な土質特性や問題点を抽出するために実施する。

解説表-3.1　資料調査で収集する主な資料[1)]

地形図・地形分類図等	地形図，都市計画図，森林基本図，土地条件図，土地利用図，各種地形分類図，各種活断層分布図等
地質図・地盤図	各種地質図，表層地質図，各種地盤図
ハザードマップ	火山，洪水などに関するハザードマップ
空中写真等	空中写真，衛星写真
論文・報告等	地盤工学会誌，地盤工学会論文集，土木学会論文集，地質学雑誌，応用地質，物理探査，地質と調査，第四紀研究
報告書・資料等	地盤調査，工事記録，災害調査，水文・気象調査，自然環境調査

なお概略調査にあたっては，地山補強土工法の設計・施工に影響を及ぼすおそれがある以下に示す事項に十分留意して実施することが必要である。

① 活断層上，断層破砕帯のあるところ
② 崩壊，落石，地すべり，土石流など斜面災害を生じるおそれのあるところ
③ 流れ盤で滑落のおそれのあるところ
④ 軟弱地盤(沖積地盤)や岩錐地帯(河川に沿うことが多い急傾斜の山裾部)
⑤ 固結度の低い地山(緩い状態にある砂山，山砂，マサ土等)
⑥ 掘削後劣化する地山(スレーキングやスウェリングをおこしやすい岩石等)
⑦ 水の浸食に対して抵抗力の低い地山(シラス，マサ土等)
⑧ 割れ目から剥落，滑落，崩壊しやすい地山
⑨ 地下水位が高く，湧水のあるところ
⑩ 集水地形や洪水が生じるおそれのあるところ
⑪ 凍結・凍上のおそれのあるところ

(2) 詳細調査

詳細調査は，概略調査結果と地山補強土工法の適用性の検討結果より，急勾配掘削などで問題となる箇所や災害履歴が多い地形に対して，崩壊規模や機構の推定とその安定度の検討を行うとともに，動植物の生態などの環境・景観上の問題を考慮して，適切な設計・施工を行うために実施する。

第3章　調査・計画

　調査結果は，地山補強土工法の設計や施工に反映させることは勿論のこと，完成後の維持管理計画などにおいても利用できるように，整理・保管しておくものとする。
　詳細調査は，現場の土質・岩質や地質状況，事業規模，周辺環境などによって異なるものであり，画一的な方法で実施するものではない。このため，下記に示す項目に留意して適切な方法で実施する必要がある。
　1) 地形・地盤の安定に関する調査
　この調査は，急勾配掘削や長大のり面が計画されるなど，地山性状のより詳細な調査が必要とされる箇所で実施するもので，現地踏査および物理探査・ボーリングなどを主体とした地質・土質調査を，概略調査と比較してより精密に実施する（**解説表-3.2**参照）。また，調査に当たっては，地山の崩壊が，地下水・湧水・降雨による地表水など水の作用を原因とする場合が多いことにも十分に留意する必要がある。
　2) 周辺環境・景観に関する調査
　地山補強土工法の適用にあたって，地形や外観の改変がある場合は，完成後の周辺の環境や景観への配慮も重要となる。概略調査によって得られた周辺の動植物の生態などの調査結果から，保全すべき環境・景観を抽出して設計・施工に反映させるために実施する（**解説表-3.3**参照）。

解説表-3.2　注意を要する現地条件　　　（文献1)に加筆修正）

現地条件	問題点	主な調査項目
地すべり地帯	周辺で地すべり地があると，切土に伴う地すべりの発生の可能性がある。	既往地すべり調査結果等の活用や，必要により別途地すべり調査を実施して確認する。
崩積土，強風化した斜面・のり面	固結度の低い土等の堆積により，自然斜面の傾斜が地山の限界の安定勾配を示していることがある。このような箇所を現状勾配より急な勾配で切土すると不安定化し，崩壊が発生することがある。	① ボーリング調査結果から地下水位，N値を的確に把握する。 ② 土質試験結果から粒度分布（マトリックスが粘質土か砂質土か），ボーリングや弾性波探査による基盤線の形状等を的確に把握する。 ③ 現地踏査結果から基盤線の形状等を的確に把握する。
砂質土等の特に浸食に弱い土質	マサ，しらす，山砂，段丘礫層等。の主として砂質土からなる土砂は表面水よる浸食に特に弱く，落石や崩壊，土砂流出が発生しやすい。	① 硬さは，ボーリング調査時のN値，または現地踏査において近隣の斜面・のり面で土壌硬度を測定し，その値で評価する。 ② 浸食されやすさは，土質試験による粒度分布から砂，シルト分の含有量，近隣の斜面または・のり面で浸食程度を調査する。
新第三紀の泥岩，砂岩，固結度の低い凝灰岩，蛇紋岩等風化が早い岩	切土による応力開放，その後の乾燥湿潤の繰返しや凍結融解の繰返し作用等によって表層部から次第に土砂化して崩壊が発生しやすい。また，緑化工の併用を計画している場合では，海成起源などで黄緑化工の併用を計画している場合では，海成起源などで鉄鉱を含有していると，切土による急激な酸化作用で切土表面が強酸性化する場合が多く，注意が必要である。	① 切土時の岩の硬さは，地山の弾性波速度，採取コアの一軸圧縮強さ，超音波伝播速度，近隣の斜面・のり面における土壌硬度等で評価する。 ② 風化に対する耐久性は，近隣の斜面・のり面風化帯（斜面・のり面表層軟化部）の厚さと切土後の時間経過の関係，採取試料のコンテステンシー試験結果，その他ボーリングコア（主に未風化試料）による乾燥湿潤繰返し試験，凍結融解試験結果等で評価する。
割れ目の多い岩	断層破壊帯，冷却時の収縮によりできた柱状・板状節理等岩盤には多くの弱線が発達しているため，斜面・のり面の安定を左右する条件は，割れ目の発達度合，破砕の程度である。	① 弾性波探査による地山の弾性波（P波）伝播速度 ② 採取コア（無亀裂サンプル）の超音波伝播速度と地山の伝播速度から計算される亀裂係数 ③ R.Q.D，ボーリングのコア採取率 ④ 近隣の斜面・のり面の観察
流れ盤となる場合	層理，片理，節理等一定方向に規則性を持った割れ目が発達している場合で，この割れ目の傾斜の方向と斜面・のり面の傾斜の方向が同じ方向となった流れ盤の場合に崩壊が起こりやすい。	流れ盤の判定は，現地踏査によって割れ目等の走向・傾斜を正確に測定して，斜面・のり面の走向（のり尻線の方向）との関係から判断する。
地下水が多い場合	地下水の動きは極めて複雑であり，従来の地下水調査手法を用いても調査目的に合致しないおそれがある。	① ボーリング調査および現地踏査の湧水の状況等の把握を行う。 ② 施工中・施工後の地下水位，湧水の変化について観測・調査を継続する。

解説表-3.3 特に景観・環境への配慮が必要な地域

配慮が必要な地域	内容
国立公園等の特別な地域	国立公園の一種特別地域,生態系保全地区や科学研究の対象地等で,外部からの植物導入の規制による繊細な環境・景観づくりを要する場所で,斜面・のり面の安定化と緑化工を組合せる必要がある箇所。
都市部・市街地の史跡・観光地等	都市部・市街地に位置する史跡・観光地等,地域全体の環境・景観が人々の潤いと安らぎを与える効果を保持しているため,斜面・のり面の安定化と緑化工を組合せる必要がある箇所。
複雑な処理が必要な場所	海岸線に沿った長大岩盤斜面・のり面等で,景観上または技術的に複雑な斜面・のり面であるため技術指針やマニュアルを単純に適用することが困難であり,斜面・のり面の安定化と緑化工を組合せる必要がある箇所。
人為による荒廃地で高度な処理が必要な場所	鉱山跡地や砕石場跡地等人為による荒廃が顕著で,技術指針やマニュアルを単純に適用することが困難であり,景観上の質を向上させるため,斜面・のり面の安定化と高度な緑化技術が必要となる箇所。

3.2 調査結果の整理

調査結果は,地山補強土工法の設計・施工・維持管理に反映できるように適切に整理するものとする。

【解説】

調査結果を地山補強土工法の設計・施工に反映させるためには,調査結果を下記に示す点に留意して整理するとよい。

(1) 地質平面図と推定地質断面図

現地踏査・物理探査・ボーリング調査等の結果を総合的に判断し,地山補強土工法の設計が可能となる程度の縮尺で図化する。図化にあたっては,直接調査した部分と推定により図化した部分を区分できるように記載し,地下水等のデータも併記しておくとよい。

(2) 代表断面の工学的な土質・岩級区分

現地踏査・物理探査・ボーリング調査や室内試験結果を総合的に判断して土質・岩質区分図(軟岩・硬岩・土砂等の区分や,より詳細な土質区分,岩級区分図)を作成する。

安定度の小さい領域が確認される場合には,想定すべり面等を図中に記載する。想定すべり線が複数考えられる場合には想定すべり面ごと,あるいは最も

重要性の高いすべり面について，不安定化機構，すべり面や土塊内の状態や地下水の状態等について整理するとともに，不安定度とその規模および検討すべき対策工法等についても別途記載するとよい。

(3) その他

地形や変状，周辺環境・景観の調査結果や各種調査・計測・室内試験データ等を項目別に整理するとともに，各調査結果に対するコメントや考察を記載するとよい。また整理および記載にあたっては，調査位置・時期・方法や条件を明示するとともに，調査箇所の現況を記録した画像等を添付する等，施工中や施工完了後の維持管理等でも活用できるものとする。

3.3　計　画

　地山補強土工法の計画にあたっては，事前に調査を行い斜面の現状の安定性を把握した上で，関連する工事全体の概要と地山補強土工法の利用目的および関連構造物の重要度と耐用年数など満たすべき工学的用件をよく勘案し，適切に計画するものとする。

【解説】

　計画の対象となる斜面の多くは長年の間に形成されたものであり，平常時においてはバランスを保って安定しているが，豪雨や地震等により不安定になり崩壊するおそれがある。斜面崩壊の誘因は一般に降雨，地震等であるが，地形，地質等多数の要因が関与し，その機構は複雑で多くの問題が内在している。そこで，計画にあたっては事前に十分な調査を行い，崩壊の要因，機構を把握し，施工中においても地山が崩壊しないようにするものとする。

　さらに，斜面・のり面上下の隣接部に家屋，鉄塔，鉄道などの構造物が近接しているために作業空間が確保できずに一般の施工機械が搬入できない場合がある。こうした現場の施工条件の制約がある場合は，地盤の変形に伴う近接構造物に及ぼす影響についても検討が必要である。特に家屋がある場合は，施工中および施工後の過度な地盤の変形，騒音・振動，水質汚濁，地下水変化等の問題が生じないように配慮する必要がある。また，可能な限り既存樹木の保存

や植生の導入，周辺環境との調和，景観に配慮した計画を行うことも重要である。

　一般的に均質で一様な地山の場合，切土のり面の安定勾配は，のり高さに応じてせん断強度から理論的に求めることができる。しかし，通常，自然地盤の性状は極めて複雑，不均一であり，地山の諸定数を高い精度で求め，のり面の安定の検討や設計を行うことは非常に困難である。このため，従来各機関とも，労働安全衛生規則第356条，第357条を遵守するとともに，のり面勾配の標準を定め，これを指標として，地質構成，のり高さ，降雨・降雪，地表水・地下水の状態，付近の既存のり面勾配と崩壊，変状の有無等を参考にして，経験的にのり面勾配を決定している。したがって，標準勾配を適用できる切土のり面は，供用期間中の作用（降雨，地震等）に対して安定した状態を保つことが可能であるという判断から，設計上は，地震や降雨に対する安定性照査は行われていない。

　しかしながら，兵庫県南部地震以降，自然斜面や切土のり面および盛土のり面の地震時における安定性確保のために地山補強土工法が用いられるケースが増えてきた。また設計基準類の性能規定化が進む中で，土構造物に対しても他構造物と同様な耐震性能が求められるようになってきた。このような場合には，地山補強土工法の適用が有利となる。すなわち，補強材に発揮される引張り力は滑動土塊に作用する慣性力に対して直接に抵抗するとともに，すべり面における拘束圧を減らさないことにより，せん断強度の低下が抑えられ，地山全体の耐震性能の向上が期待できる。実際，これまでの地震においても本工法を採用した場合での地震被害の事例がほとんどなく，あっても非常に軽微であり，高い耐震性能が実証されている。なお，地山補強土工法が適用された自然斜面や切土のり面の地震時の安定計算法は**第5章**で説明される。

3.4 工法の選定

　計画段階での工法の選定にあたっては，地質条件と，施工条件など，それぞれの現場の条件を考慮して適切なものを選定するものとする。

【解説】

　解説図-3.1のフローは，「地山安定化工法」「切土安定化工法」「切土補強土壁工法」のいずれかの工法を選定するまでの手順を示したものである。まず「3.1　調査の基本」解説（1）で示した概略調査をもとに，「3.5　適用性の検討」で示す崩壊形態の検討，地盤の状況，地下水・湧水の影響などの適用性に関する検討を行う。この場合，掘削高さ，掘削勾配などの施工条件を考慮して実施するとよい。その後，「3.1　調査の基本」解説（2）で示した詳細調査を実施して，適用する斜面が自然斜面や既設盛土・既設切土の場合は，「地山安定化工法」を選定する。この工法は，掘削を伴わないで，自然斜面や既設切土，既設盛土の補強などに用いられる。一方，急勾配掘削を実施した後に補強土壁を設ける場合は「切土補強土壁工法」を選定し，それ以外は「切土安定化工法」となる。

3.5 適用性の検討

　地山補強土工法の適用性については，崩壊形態・規模，地盤状況，地下水，景観環境等を考慮して検討するものとする。

【解説】

（1）抑止力，補強規模による適用性

　本工法は中小規模の崩壊を想定した施工実績が多く，予想崩壊規模（補強領域）が大きい斜面においては，本工法だけでは困難な場合や不経済の場合がある。したがって，長大斜面を有する自然斜面や大きな地すべりが想定される斜面のような場合，補強土工法を補う併用工法の採用を検討する必要がある。

第3章 調査・計画

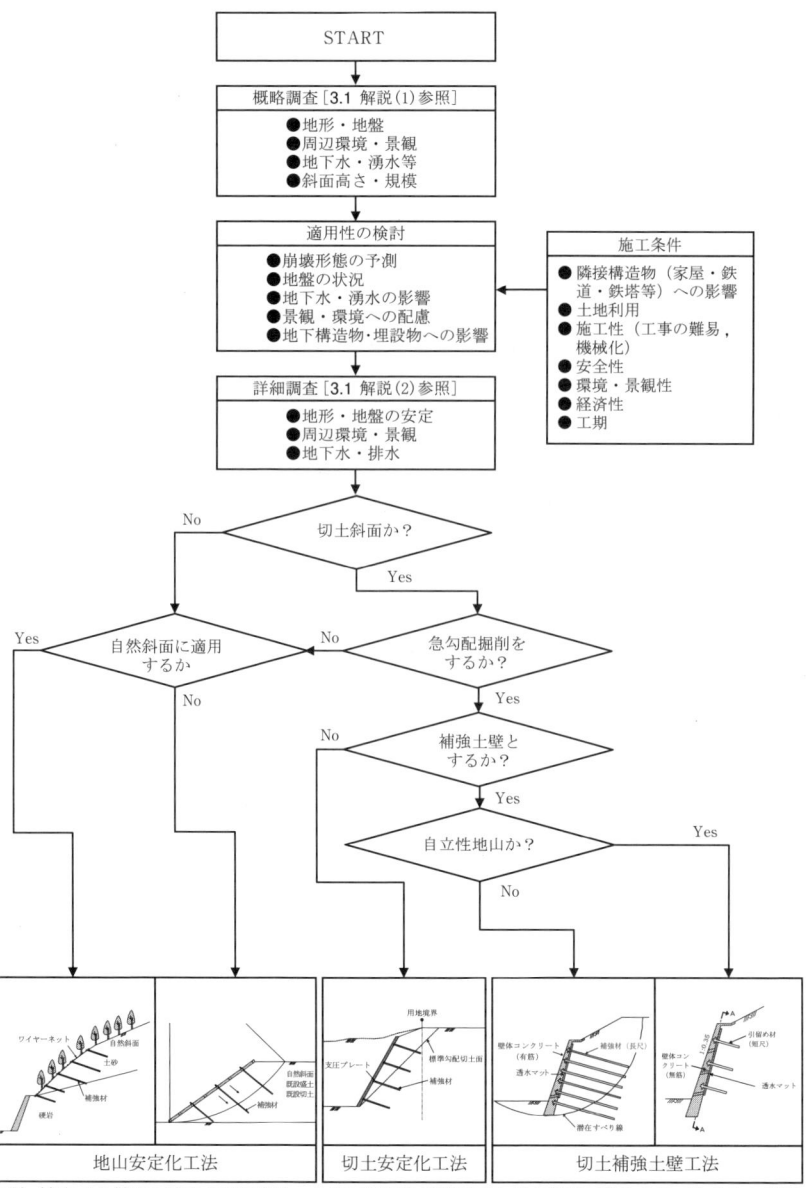

```
START
   ↓
概略調査［3.1 解説(1)参照］
 ●地形・地盤
 ●周辺環境・景観
 ●地下水・湧水等
 ●斜面高さ・規模
   ↓
適用性の検討              施工条件
 ●崩壊形態の予測       ●隣接構造物（家屋・鉄
 ●地盤の状況    ←──    道・鉄塔等）への影響
 ●地下水・湧水の影響    ●土地利用
 ●景観・環境への配慮    ●施工性（工事の難易，
 ●地下構造物・埋設物への影響  機械化）
                         ●安全性
   ↓                     ●環境・景観性
詳細調査［3.1 解説(2)参照］  ●経済性
 ●地形・地盤の安定       ●工期
 ●周辺環境・景観
 ●地下水・排水
   ↓
切土斜面か？
 No → 自然斜面に適用するか？
        Yes → 地山安定化工法
        No  → （地山安定化工法）
 Yes → 急勾配掘削をするか？
        No → 切土安定化工法
        Yes → 補強土壁とするか？
               No → 切土安定化工法
               Yes → 自立性地山か？
                      Yes → 切土補強土壁工法
                      No  → 切土補強土壁工法
```

| 地山安定化工法 | 切土安定化工法 | 切土補強土壁工法 |

注）植生工の併用を検討する場合は，のり面勾配や構造形式などの適用可能な条件であるかの確認を別途行う必要がある。

解説図-3.1 工法選定のフローチャート

解説表-3.4 地山補強土工法の適用性を判定するための基本的な斜面・のり面崩壊形態と地山補強土工法との適用イメージ（参考）[3]

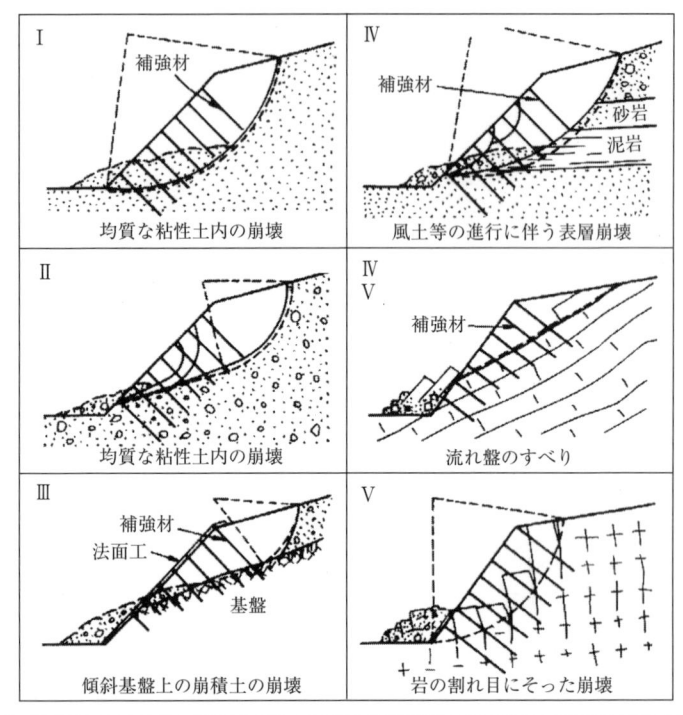

記号	崩壊形態	すべり線形状	代表的土壌・地質
I	均質な粘性土で構成される法面内における崩壊	円 弧	第四紀層粘性土，火山泥流火山灰質粘性土，強風化泥岩，温泉余土
II	均質な砂質土で構成される法面内における崩壊	円 弧 または直線	山砂，真砂，火山灰質粘性土（シラス）
III	傾斜基盤上に堆積した崩積土法面の崩壊	直 線 （上部円弧）	崩積土（崖錐），風土表土，段丘礫層
IV	風土等の進行に伴う法面表層崩壊・流れ盤からなる法面の崩壊	円 弧 または直線	新第三紀層，古第三紀頁岩熱水変質した火成岩，凝灰岩，粘土化した蛇紋岩
V	岩の割れ目にそった崩壊	円 弧 または直線	中古生層，火成岩

注）表中の「均質な」とは，すべり形状を規定するような不連続面がないことを意味している。

（2）崩壊形態の予測

本工法の適用性については，**解説表-3.4**に示す予想される斜面・のり面の崩壊形態と規模により異なってくる。

本工法が適用できる地盤条件としては，土砂（砂，砂礫，砂質土），軟岩（風化岩，土丹等堆積軟岩），硬岩（亀裂性岩盤）があり，小～中規模の崩壊が想定できる地盤であれば概ね適用できる。ここで**解説表-3.4**に示す「Ⅰ　均質な粘性土内における崩壊」への適用にあたっては，地盤と定着材との間の周面摩擦抵抗が十分に確保できるか否かにより適用性の判断を行う必要がある。また，「ⅣⅤ　流れ盤のすべり」と「Ⅴ　岩の割れ目にそった崩壊」への適用にあたっては，大規模崩壊となり得る可能性があるので，ステレオ投影法による亀裂解析など崩壊規模に対して十分な検討を行うのがよい。

地すべり斜面など大規模な崩壊が予測される場合は，他工法の検討についても行うものとする。ただし，崩壊範囲が大きい場合であっても，**解説図-3.2**に示すように崩壊深さが3m程度以下と浅い場合には本工法を適用できる可能性がある。また，崩壊斜面長は，同図に示すように30m以下を目安として適用性の検討を行うとよい。

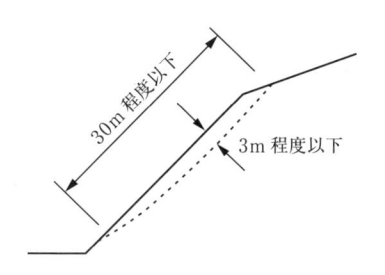

解説図-3.2　地山補強土工法が適用できる斜面の規模[2]

（3）変形性能の確保

地山補強土工法は，グラウンドアンカーのようにテンドンにプレストレスを加え，強制的に地山の変形を抑制する工法と異なり，地山の大きな変形に対しても柔軟に追従し，補強領域が若干の変形を示しながら安定性を保つことに特

徴がある。このため，適用する構造物の要求性能として許容変形量が非常に小さい場合には，その適用が困難となる場合がある。しかしながらのり面工に十分な剛性を持たせることにより変形量を極力抑えることも可能となることがあるので，構造全体として検討するとよい。

(4) 耐久性の確保

補強芯材として鋼製材を使用する場合や表面工に吹付け工などひび割れの発生の可能性が高いものを使用する場合には，腐食や劣化に対する長期的な耐久性が求められる。

(5) 地盤の力学的・物理的性質への配慮

亀裂の多い岩盤に適用する場合は，孔壁の自立性とグラウトの逸脱の問題を検討する必要がある。また，粘土化や風化の著しい岩盤（主に新第三紀層のグリーンタフのように見掛けは堅固でも急激に風化しやすい岩盤）に適用する場合は，所定の引抜き抵抗力が確保できるか確認する必要がある。

岩盤以外の地盤（崖錐堆積物，崩積土，火山性堆積物など）に適用する場合には，所定の引抜き抵抗力を得ることができるか，長期クリープは問題ないかなどの検討が必要である。

(6) 地盤の化学的性質への配慮

補強材やグラウトの腐食を促進する環境（例えば，温泉地，鉱山，変質帯等）では，地盤や地下水の酸性度（pH値測定）を調査し，適切な防食手段を講じる必要がある。特に，地下水のpH値が非常に小さい地域や地温の高い地域では，本工法の採用を含めた慎重な検討を必要とする。

(7) 軟弱地盤，粘性土地山，砂質土地山での配慮

地山と補強材を定着材の周面摩擦により補強材力を発現させるため，摩擦抵抗の発揮が困難な軟弱な地山などに適用する場合は，補強材配置密度を小さくする，補強材長を長くする，あるいは補強材の削孔径を大きくすることで全体の摩擦抵抗力を増加させることができる。

(8) 地下水，湧水への配慮

地下水位が高い，もしくは湧水が多い地盤においては，セメント系の定着材が硬化前に流出して，十分な皮膜が確保されていないことがある。このような

条件で施工する場合は，ウェルポイントや，水抜きボーリングなどを十分に施し地下水位を低下させて施工する必要がある。

(9) 凍上への対応

凍上は東北や北海道等の積雪地でない寒冷地に多く見られる現象である。**解説図**-3.3 にその模式図を示すが，凍上が生じると表面材には圧力（凍上力）が作用し，表面材に亀裂や折れ曲がり等の現象が生じる。また鉄筋等の補強材の定着部強度が十分でない場合には，アイスレンズの凍着によって補強材が浮き上がる現象が生じる。このため凍上が生じる条件では，凍上と融解による影響を考慮した対応が必要である。

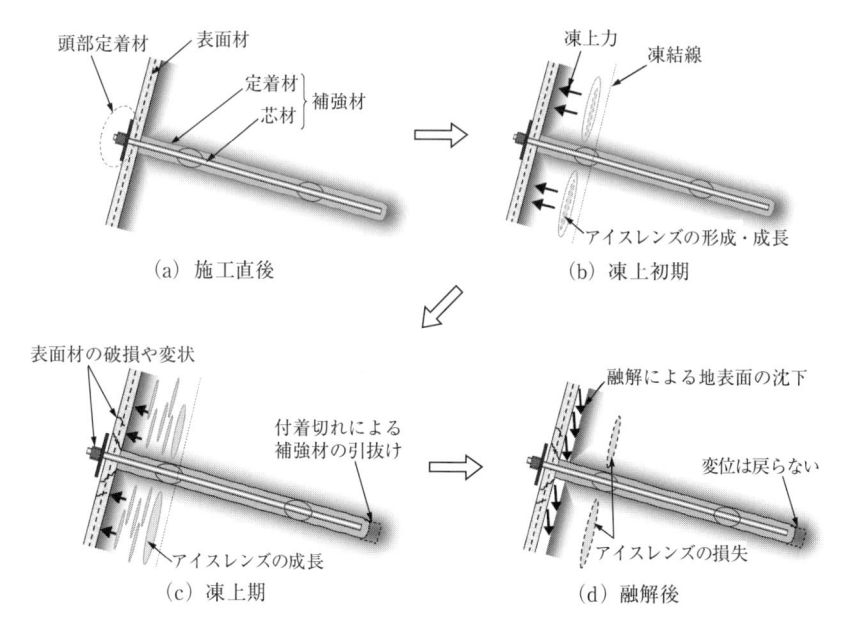

解説図-3.3　凍上融解による地盤隆起沈下が地山補強土工法に及ぼす影響

(10) 景観・環境への配慮

文化史跡・風致等の対象となる地区で本工法を計画する場合には，構造面の安全だけでなく景観・環境に配慮することが必要である。その場合は，植生工

など緑化に対する工法の適用や，樹木等その場の生態系を残す工夫が必要である。

(11) 地下構造物・埋設物への配慮

補強材の配置密度には補強メカニズムを有効に発揮させることができる下限値があり，補強材を一定間隔以下に配置する必要がある。このため，補強材の打設に対して障害となる地下構造物・埋設物等が存在する場合には，補強材の配置や長さなどの設計の見直しや，あるいは他の工法への変更が必要なこともある。したがって，計画にあたっては，地下構造物・埋設物について十分な調査を行うものとする。

(12) 急勾配掘削への適用性

地山補強土工法の急勾配掘削工事への適用性について，施工事例から以下のとおり整理した。本工法の適用性を検討する際の参考とするのがよい。

1) 道路や鉄道等の拡幅工事への適用

道路や鉄道の路線拡幅工事に伴う急勾配化の安定対策に用いられる。その際の急勾配化には，無補強の切土のり面の標準勾配から1分～3分程度の急な勾配を持つ切土のり面や盛土のり面に採用されることが多い。

2) 構造物掘削等の仮設工への適用

橋脚の基礎部の施工のために仮土留め工として用いるなど，構造物建設のための地山掘削を急勾配で行う場合の安定対策工として用いられる。この場合，1：0.0～1：0.5程度の急勾配が採用されている。

解説図-3.4は，旧日本道路公団が構造物掘削の急勾配化に本工法を用いた試験施工，実物大実験[4]，既往文献[5],[6]および施工事例アンケート結果を，土砂，軟岩，硬岩に分類し，掘削高さと掘削勾配の関係のデータ分析を行った結果である。地盤が互層となった場合は，掘削高さが大きい地盤を代表地盤としている。

図中の斜線の下側は，急勾配掘削に本工法が適用可能な領域を示し，斜線の上側は，適用にあたって他工法との併用などの検討が必要な領域を示している。図中の太線は土砂地盤への本工法の適用限界の目安を，破線が軟岩地盤への適用限界の目安を示している。ただし，同図はあくまでも過去の施工実績であり，

第3章　調査・計画

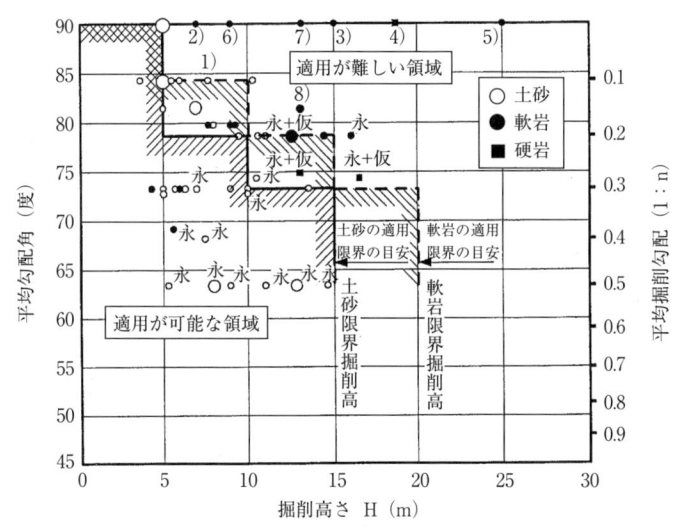

[図: 掘削高さHと平均勾配角の関係グラフ]

① 表示記号の大きいもの：公団試験施行の実験

　永　　　：永久のり面
② 永＋仮　：永久＋仮設のり面
　表示なし：仮設のり面

③ 適用目安範囲外の施工事例
　1)：土砂，崩壊
　2)：軟岩，特殊のり面工を採用
　3)：軟岩，補強材が長尺
　4)：硬岩（亀裂性岩盤），吹付に破壊前兆のクラック発生
　5)：軟岩，H杭による補強工，補強材軸力が大きく，増しボルトを施工
　6)：軟岩，特に問題なし
　7),8)：軟岩，のり面工として大型ベアリングプレートを採用

解説図-3.4　高さと平均掘削勾配の関係(目安)[2]

今後の適用範囲を決定する場合の参考にしかすぎないので留意されたい。

(13) 自然斜面への適用性

　自然斜面の安定化工法においては，環境への配慮から，樹木を可能な限り伐採しないで適用することが重要である。その際には，**解説図-1.12** に示した樹木根系の補強効果も考慮した地山安定化工法を適用することが可能である。この場合，表層の下に鉄筋等によって連結することができる基盤層を有しているか，十分に調査する必要がある。

参考文献

1) 日本道路協会：道路土工-のり面工・斜面安定工指針-，1999.
2) 東日本・中日本・西日本高速道路：切土補強土工法設計・施工要領，2007.
3) 地盤工学会：入門シリーズ24「補強土入門」，1999.
4) 日本道路公団：切土補強土工法の施工時及び破壊時の挙動に関する検討，JH試験研究所報告，Vol.34，1997.
5) 伊藤磐根，福田昭一，須網功二：壁面を有する鉄筋補強土工法による山留め施工例，地盤工学会第28回土質工学研究発表会，pp.2797～2798，1993.
6) 地盤工学会：地山補強土工に関するシンポジウム，1993.

第4章 材 料

4.1 一 般

地山補強土工法で使用する材料は，設計，施工および維持管理の各段階において必要とされる性能を満足する材料であることを確認したものとする。

【解説】

地山補強土工法で使用する材料は，設計，施工および維持管理の各段階において必要とされる性能を満足するように選定することが基本である。同時に，異なる性質を持つ材料間の付着や接触によって，お互いに悪影響を及ぼさないことなども確認する必要がある。

また，本マニュアルは本設構造物を対象としているので，防食や耐久性についても，必要に応じて試験を行って性能を確認することが望ましい。その場合，配合方法や経過時間などの要因によって強度等の性能が変化する材料もあり，注意が必要である。

確認すべき性能については，JISや関連学協会の示方書などが規定する性能を参考とするとよい。

4.2 芯 材

芯材には，引張り補強材としての所要の性能を有する材料を用いるものとする。

【解説】

地山補強土工法の設計では，一般に引張り補強を基本としている場合が多いことから，芯材としては，補強土の安定に必要な引張り抵抗力を有するものを用いる。また，本設での使用を想定しているため、防食することが基本となる。この防食性能と併せて耐久性能，クリープ性能等の長期の使用に関する性能も考慮する。

芯材は，地山中に一定間隔で配置された棒状補強材の軸心に配置され，地山

中に発生しようとする引張りひずみを抑制してのり面全体の安定性を増加させる役割がある。

補強された地山の安定性を長期的に維持するためには，芯材は常に所定の強度を有している必要がある。そのため許容引張力は，製品のばらつきを考慮して定めた設計基準引張破断強度（T_K）を基本とし，クリープによる破断の可能性を排除するために設計強度を割り引いて使用するなど，各種材料試験の結果に従って設定することが一般的である。また，芯材は，品質管理や工程管理の行き届いた工場で製造され，所定の規格，品質，形状，寸法を満足したものを選定する。

芯材として，本マニュアルでは棒鋼芯材とFRPロッドについて述べているが，これら以外のものを用いる場合には，その材料の特性を十分に把握した上で，使用する材料の有効性，妥当性について十分な検討を行うものとする。

（1）棒鋼芯材

現在使用されている棒鋼芯材には，全ねじ棒鋼，異形棒鋼，ねじり棒鋼，全ねじ中空棒鋼等がある。それぞれの特徴を**解説表-4.1**に示す。また，**解説表-4.2**に各種芯材の強度等の物性を示す。

解説表-4.1 棒鋼芯材の材質と特徴

芯材の種別	材　質	特　徴
全ねじ棒鋼※	異形棒鋼のJIS規格品	応力・ひずみ曲線で降伏の踊り場をもつ。全長にわたってねじ山がある。
異形棒鋼	同　　上	応力・ひずみ曲線で降伏の踊り場をもつ。ねじ部では断面欠損がある。
ねじり棒鋼	冷間加工と成分調整とによる高張力鋼	明瞭な降伏点を示さない。伸びがやや少ない。ねじ部では断面欠損がある。
全ねじ中空棒鋼	鋼管に転造ねじ加工をした高張力鋼	明瞭な降伏点を示さない。伸びがやや少ない。全長にわたってねじ山がある。

※ 全ねじ棒鋼は，JIS M 2506では，ねじ節棒鋼となっており，異形棒鋼に含まれている。

第4章 材　料

解説表-4.2　芯材の材質と耐力

種別	材質	呼び径	ねじ部				素材部		
			径 (mm)	断面積 (mm^2)	降伏耐力 (kN)	破壊耐力 (kN)	断面積 (mm^2)	降伏耐力 (kN)	破壊耐力 (kN)
全ねじ異形棒鋼	SD295	D19	19.1	287	84.7	126	ねじ部に同じ		
		D22	22.2	387	114	170			
		D25	25.4	507	150	223			
		D29	28.6	642	189	282			
		D32	31.8	794	234	349			
		D35	34.9	957	282	421			
		D38	38.1	1140	336	502			
	SD345	D19	M20	287	99.0	141			
		D22	M22	387	134	190			
		D25	M24	507	175	248			
		D29	M27	642	221	315			
		D32	M30	794	274	389			
	SD395	D35	M22	957	330	469			
		D38	M22	1140	393	559			
異形棒鋼	SD295	D19		238	70.2	105	287	84.7	126
		D22		303	89.4	133	387	114	170
		D25		353	104	155	507	150	223
		D29		459	135	202	642	189	282
		D32		561	165	247	794	234	349

解説表-4.2に示すように，頭部ねじ部は，全ねじ棒鋼，全ねじ中空棒鋼を除く種類では，素材部に比べ，切削ねじによる断面欠損のために耐力が著しく小さい。このため，同一材質，呼び径において全長にわたって同一の引張り耐力を保障する必要があるという観点から，全ねじタイプが用いられることが多い。ネイリング工法およびマイクロパイリング工法における芯材としては，設計上はSD295となる場合が多いが，市場性等の理由から，一般的には全ねじ棒鋼SD345 D19またはD22程度，ダウアリング工法においては全ねじ棒鋼SD345 D32またはD35程度が使用されている。使用材料の選定にあたっては，経済性や市場性等も含め，十分な検討が必要である。

（2）FRPロッド

　FRPロッドは，一般的にダウアリング工法における芯材として用いられて

いる。ネイリング工法等でも，腐食環境下で使用される場合，補強した地盤を将来掘削することが想定される場合などにおいては，耐食性や掘削時の施工性などを勘案して，FRPロッドを適用する場合がある。素材である繊維としては耐アルカリ，耐酸，耐発錆に優れ，軽量で高強力であり，芯材としての十分な物性を有している必要がある。

　高強力ビニロンFRPロッドは，浮上式鉄道の鉄筋代替えとして開発された構造用引張り部材であり，塩ビパイプ外周にビニロン繊維を配置し，エポキシ樹脂を含浸しながら引抜き成形法にて製作したものである。弾性力は鉄筋に比較して1/7程度と小さいが，地盤を補強するには十分な剛性を有している。また，引張り試験，ソイルセメントとの付着試験，コンクリート定着部における定着力試験，曲げ試験，せん断試験，クリープ試験，耐アルカリ・酸試験等の試験を多数行い，基本的な物性値が確認されている。ビニロン製FRPロッドの詳細を**解説図**-4.1に，強度等の物性を**解説表**-4.3に示す。

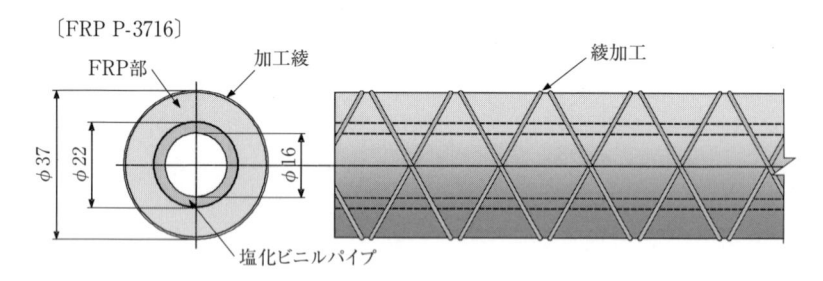

解説図-4.1　ビニロンFRPロッドの詳細（単位：mm）

解説表-4.3　ビニロンFRPロッドの耐力

種別	材質	呼び径	素材部	
			断面積 (mm^2)	破壊耐力 (kN)
中空ロッド	ビニロン系	P-3716	582	342

（3）防食処理

　地山補強土工法で用いる芯材は，十分な長期的耐久性を有している必要がある。このため，芯材として鋼材を用いる場合は，腐食による長期的な耐久性の

第4章 材料

低下が生じないような配慮が必要である。長期的な腐食の影響の実態調査に関するデータは少ないが，施工後10年経過したネイリング工法におけるモルタルやセメントミルク注入による芯材の場合は，地山表面より深い位置では健全な状態であるが，表面工と地山との境界において表面水等の浸入による腐食が見られる事例が報告されている[1]。

鋼材に対する防食処理の方法としては，溶融亜鉛めっきがよく用いられる。土壌中における亜鉛めっきの耐食性に影響を与える因子は，水分量，pH，塩類の種類と量，電気抵抗率，酸化還元電位および通気性などである。これらが土質によって異なるため亜鉛めっきの腐食速度に差を生じる。一般に水分が多く，pHが高低いずれかに傾き，塩分が多く，電気抵抗が低く，酸化還元電位が低いほど腐食速度は大きくなる傾向を示す。さらに迷走電流も悪い影響を示す。なお，これらの要因は単独もしくはそれぞれが関わり合うことによって影響するものである。土性の種類にもよるが，めっきの付着量$550g/m^2$以上（HDZ55）であっても，25年程度の耐用年数といわれている[2]。このため，本設の場合には，安全側に配慮して，芯材が鋼材になる場合，**解説図-4.2**に示すように，全長にわたって溶融亜鉛めっき処理するとともに，設計においては腐食しろを考慮するのが一般的である。例えば，公称径に対して，道路基準では1mm（腐食しろ0.5mm），鉄道基準では2mm（腐食しろ1mm）マイナスした断面にて設計することになっている。一方，芯材がFRPロッドの場合には，腐食しろを考慮しなくてよい。

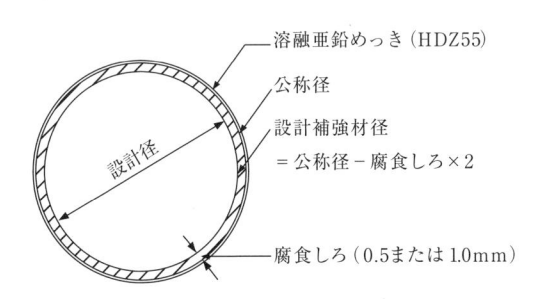

解説図-4.2　鋼材の腐食しろと亜鉛めっき処理

なお，ネイリング工法やマイクロパイリング工法の補強材の場合には，道路基準では本設の場合，鉄道基準では本設・仮設とも所要のかぶり（10mm 以上）を確保することになっている。

鋼材の防食処理には，溶融亜鉛めっきのほか，エポキシ樹脂，ナイロン樹脂などを塗布する場合もある。半永久的な効果が期待されている箇所，長大のり面やトンネル坑口部などの維持管理が困難な箇所，地下水の浸透箇所や強酸性・塩基性環境下にある箇所などでは，補強材の長期耐久性が求められる。このように，長期耐久性が求められる場合には，腐食しろの増加を考慮することや FRP ロッドへの変更などを含めて，適切な防食対策が必要となる。

なお，その他の部材の標準防食は，プレートは溶融亜鉛めっき HDZ55，ナットは溶融亜鉛めっき HDZ35，カップラは溶融亜鉛めっき HDZ35 としている場合が多い。

4.3 定着材

定着材には，芯材と一体となって引張り補強材としての所要の性能を有する材料を用いるものとする。

【解説】

本マニュアルに示す補強材は，芯材をセメントミルク等を用いて地山に定着させる全面定着型を基本としており，設計においても全面定着型が前提となっている。したがって，全面定着型以外の補強材を用いる場合には，本マニュアルの適用外となる。解説表-4.4 に，ネイリング工法およびマイクロパイリング工法における全面定着型の補強材の設置方式，定着方式および定着材による分類を示す。なお，ダウアリング工法の場合は，ソイルセメントが定着材となる。定着材としての必要な条件としては，以下が挙げられる。

①適度の流動性があり，施工性が良いこと（注入性，棒鋼の挿入性等）。

②硬化後の収縮が小さいこと。

③ブリーディングが少ないこと。

④早期，長期とも十分な定着力（耐力）が確保されること。

解説表-4.4 全面定着型補強材の分類

芯材，設置方式		定着方式	定着材
棒鋼型		充填式	モルタル セメントミルク
		注入式	セメントミルク 樹脂
中空棒鋼型	鋼管型	注入式	セメントミルク 樹脂
	自穿孔型		
	削孔同時注入型		
ケーシング型		充填式	セメントミルク

＊自穿孔型を使用する場合は，スライムの排出や定着材の
充填を確認する必要がある。

⑤棒鋼を腐食させないこと。
⑥無公害であること。

　定着材の主成分であるセメントは，JIS R 5210「ポルトランドセメント」に規定する普通ポルトランドセメントを用いることが多く，早期に強度を必要とする場合は早強ポルトランドセメントを用いる場合もある。

　練混ぜ水は，水道水を用いれば問題ないが，河川水を用いる場合は，注入材の凝結，効果，強度に悪影響を及ぼさないことを確認する必要がある。減水剤および膨張材等の混和材料は，流動性を高め，硬化後の収縮を抑えることを目的とする。定着材としてセメントミルクとモルタルのいずれを用いるかは地山条件によるが，最近ではセメントミルクの使用を標準とすることが多くなっている。定着材の標準配合は以下のとおりである。

道路基準　　$\sigma_{28} \geqq 24N/mm^2$，w/c = 40～50%，適宜混和剤を使用
鉄道基準　　$\sigma_{28} \geqq 24N/mm^2$，w/c = 53%，膨張材をセメント量の7.1%使用

　なお，ケーシングにて削孔を行う場合には，外管のケーシングを残して，内管のインナーロッドを引き抜き，定着材をケーシング内に充填した後に芯材を挿入し，最後にケーシングを引き抜く（**解説図-4.3** 参照）。

(1) 重管孔削

ケーシング　インナーロッド

(2) インナーロッド引抜き・定着材注入充填

セメントミルク

(3) 棒挿鋼入

(4) ケーシング引き抜・補足注入

解説図-4.3　ケーシング型定着方法

ダウアリング工法における補強体は，**解説図-4.4**に示すように，中央に芯材，その周りをセメントミルク，周囲をソイルセメント体で構築された3層構造となっている。ソイルセメント体は，地盤との摩擦力によって得られる定着力を芯材に伝達させるために必要な強度を有する必要がある。

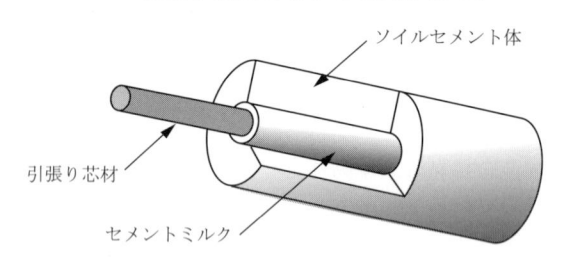

ソイルセメント体

引張り芯材

セメントミルク

解説図-4.4　地盤改良補強体

ソイルセメント体の固化材としては，一般に軟弱土用セメント系固化材を使用する。単位体積あたりの添加量の設定については，土質および使用するセメント系固化材の種類によって変動するので，事前の室内配合試験，または現場改良試験により，必要な改良強度が得られるように設定する。室内配合試験は，地盤工学会基準「安定処理土の締固めをしない供試体作製方法」（**JGS 0821-2000**）で供試体を作製し，圧縮強度は一般的に「土の一軸圧縮試験方法」（**JIS A 1216**）により求める場合が多い。

それぞれの土質に対するセメント系固化材の単位体積当たりの添加量とソイ

ルセメントの強度の目安は，**解説表-4.5**が参考となる。

解説表-4.5 土質別の単位添加量と圧縮強度の目安（大径の場合）
（土1m³に対する添加量）

土　質	単位添加量 （kg／m³）	現場強度（材齢28日） （N／mm²）
砂質土	200 ～ 300	1.5 ～ 4.0
粘土・シルト	250 ～ 350	1.0 ～ 3.0
関東ローム	250 ～ 350	1.0 ～ 3.0
有機質土	250 ～ 350	0.8 ～ 2.0
高有機質土	300 ～ 450	0.5 ～ 1.5

4.4　頭部定着材

　頭部定着材には，補強材頭部が表面材と一体となるような締結機能を有する形状または機構を持つものを用いるものとする。

【解説】

　使用される芯材に対する頭部定着材の組合せの例を**解説表-4.6**に示す。頭部定着材に使用する材料は，補強材，表面材，施工方法および施工目的などに応じて最適なものを選定する必要がある。頭部定着材は，**解説図-4.5**に示すように一般にナットおよびプレートで構成される場合が多い。ただし，芯材がFRPロッドの場合には，プラスチック製のクサビ材が使用されることもある。

解説表-4.6 芯材と頭部定着材の組合せ

芯　材	頭部定着材	芯材サイズ
異形棒鋼	ナット，プレート	D19～D32
全ねじ異形棒鋼	ナット，プレート	D19～D38
ねじり棒鋼	ナット，プレート	M22～M24
全ねじ中空棒鋼	ナット，プレート	$\phi 26.0 \sim \phi 78.0$
FRPロッド	クサビ，リング，プレート	26.0～28.0
	ナット，プレート	22.0～32.0
	クサビ	37.0

(a）異形棒鋼タイプ

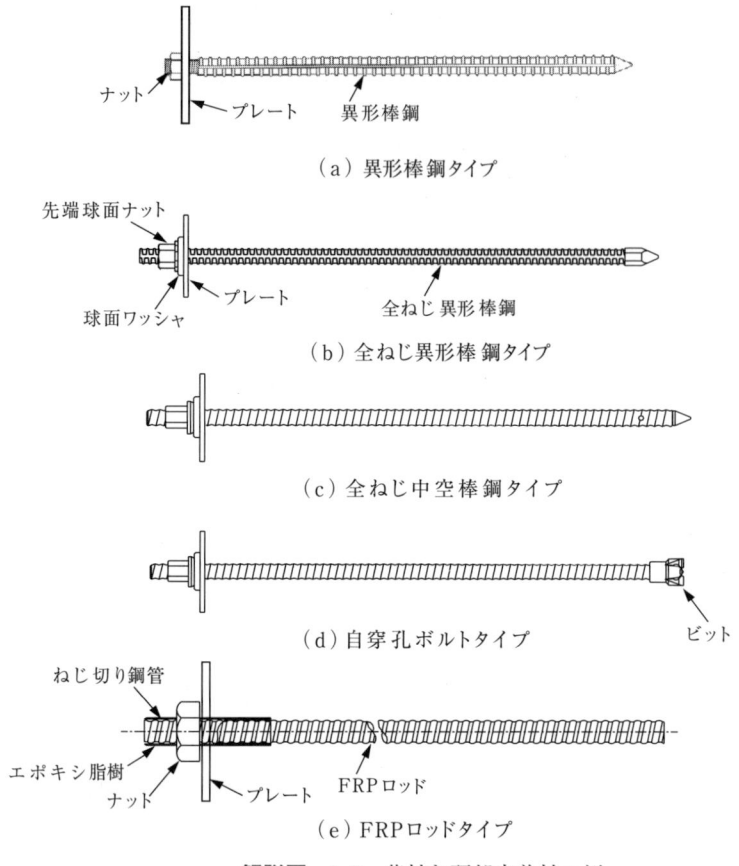

(b）全ねじ異形棒鋼タイプ

(c）全ねじ中空棒鋼タイプ

(d）自穿孔ボルトタイプ

(e）FRPロッドタイプ

解説図-4.5　芯材と頭部定着材の例

　頭部処理では，一般に頭部プレートとナットを用い，補強材と表面材を結合する。プレートとナットは，鋼製や樹脂製が使用されている。プレートの大きさは，一般に150mm×150mmのものが使用されることが多い。ナットの例を**解説図-4.6**に，プレートの例を**解説図-4.7**に示す。

第4章　材　料

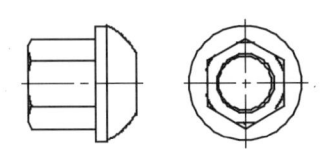

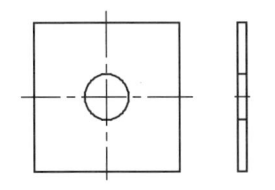

解説図-4.6　ナットの一例　　　　解説図-4.7　プレートの一例

　ここで，芯材の軸方向と表面材が直交しない場合は，角度を調整する部材として，先端球面ナットやテーパープレートなどが使用される（**解説図-4.8**参照）。なお，プレートと表面材の隙間を固練りモルタルで埋めることにより固定度を高める処置がとられることが多い。これにより，プレートと表面材の隙間からの水の浸入を防ぐこともできる。

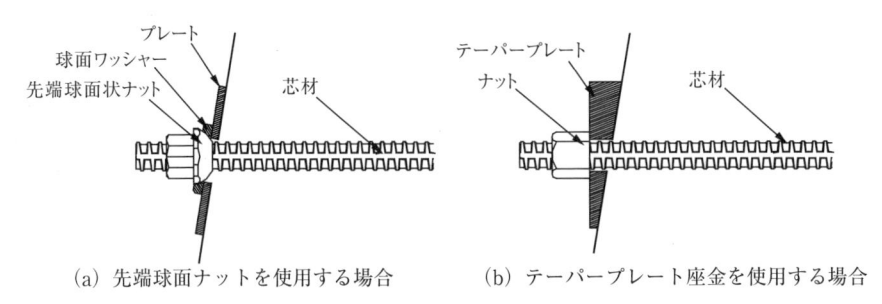

(a) 先端球面ナットを使用する場合　　(b) テーパープレート座金を使用する場合

解説図-4.8　頭部角度調整図

　表面材に壁体コンクリートや格子枠を使用する場合には，表面材に埋め込むことにより頭部防食とすることもある。このほか，頭部定着材の防食用部材として，**解説図-4.9**に示すような小型のオイルキャップが使用されることもある。

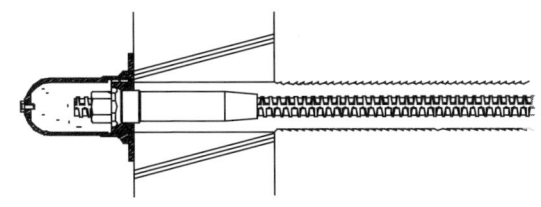

解説図-4.9　小型オイルキャップを用いた頭部防食の例

4.5 表面材

表面材には，施工目的および施工方法を勘案し，所要の機能を有するものを用いるものとする。

【解説】

解説表-4.7に地山補強土工法で使用される表面材の分類を示す。

解説表-4.7　補強材と連結して使用される表面材の分類

分類	工種	工法
壁面材	壁体コンクリート	壁体コンクリート工
	格子枠	吹付枠工，現場打ちコンクリート枠工
	吹付け	コンクリートおよびモルタル吹付け工
	繊維補強土	連続繊維および長繊維補強土工
支圧板	独立受圧板	鋼製，樹脂製，プレキャスト製および現場打ち受圧板工など
	簡易支圧板	頭部プレート工，ほか
	その他	ワイヤーロープ掛け工，ほか

表における各種表面材の概要は次のとおりである。

（1）壁体コンクリート

壁体コンクリートとは，のり面に設置し，その自重や曲げ剛性によってのり面全体の安定性向上に寄与できる一体の無筋または鉄筋コンクリートのもたれ擁壁または張りコンクリートのことである。壁体コンクリートと補強材は，補強材頭部を壁体コンクリート内に固定することにより一体化される。

（2）格子枠

格子枠（のり枠）は，大別すると吹付枠と現場打ちコンクリート枠の2種類に区分される。

吹付枠は，のり面上に配筋設置した金網型枠等にモルタルまたはコンクリー

トを吹付け打設して構築するものであり，高所斜面や成形困難な凹凸の多い斜面などでの施工に有利な工法である。地山補強土工法において使用される枠断面は，一般的に200〜300mm断面である。吹付枠は一般にモルタルの空気圧送方式による施工が行われるが，その際のモルタルの設計圧縮強度は，18N/mm^{2}が用いられることが多い。その際の配合条件は，土木学会「吹付けコンクリート指針（案）【のり面編】」によると以下のとおりである。

モルタルの配合条件

水セメント比	60%以下
単位セメント量	400kg/m^{3}以上
コンシステンシー	JIS R 5201「セメントの物理試験方法」によるフロー値120mm程度の硬練り
空気量	AE剤，AE減水剤などで調整する。一般には，吹付け後における空気量を4%程度とする。

なお，現場打ちコンクリート枠は，鋼製または木製の型枠を斜面上に設置し，コンクリートをポンプ打設して構築するものである。

(3) 吹付け

吹付けには，コンクリート吹付け工とモルタル吹付け工があり，吹付け厚さは，モルタル吹付けの場合5〜10cm，コンクリート吹付けの場合10〜15cmとすることが多い。モルタルあるいはコンクリートの設計基準強度は，一般に15〜18 N/mm^2，配合は吹付枠と同じ場合が多い。さらに，短繊維（鋼繊維，有機繊維および無機繊維）を混合して変形性能やタフネスを向上させた繊維補強（コンクリート・モルタル）吹付けもある。

(4) 繊維補強土

繊維補強土は，ポリエステルやポリプロピレンの連続長繊維と砂とを混合したもので，繊維を混入することで耐浸食性や粘着力を増加させ，変形追従性と抵抗性を兼ね備えた表面材である。

補強材と繊維補強土層の連結には，補強材頭部にプレートを設置して繊維補強土の表面で締め付け固定する方法や，補強材頭部に専用の治具（特殊形状の補強材等）を設置して，それと繊維補強土層の内部に埋め込む方法があり，こ

れによって表面材と補強材の一体化が図れる。

(5) 独立受圧板

独立受圧板は，補強材一つ一つに対して独立して設置し，補強材と連結して用いられる。独立受圧板には，鉄筋コンクリート製(現場打ち，あるいはプレキャスト)，鋼製，アルミ合金製および樹脂製などのものがある。形状は，十字形状，方形状および多角形状のものが一般的であり，全面被覆することにより地山表層の侵食や風化防止の機能を併せ持つタイプもある。**解説表-4.8** に独立受圧板の種類を示すが，補強材の形状，設計補強材力，施工性などを勘案し適切なものを選択する。なお，施工や形状の詳細については**第6章**を参照するものとする。

解説表-4.8 独立受圧板の種類と形状

種類	形状	備考
鉄筋コンクリート製	十字形状，Y形状，方形状	現場打ち，プレキャスト
鋼製	十字形状，方形状	
アルミ合金製	十字形状	
樹脂製	方形状，多角形状	FRP，GFRP

＊プレキャスト製で全面被覆タイプがある。

(6) 簡易支圧板

簡易支圧板は独立受圧板に比べれば簡易な形状で，一般に表層の一部が地山から多少抜け出しても斜面の崩落がない場合に用いられる。補強材の頭部が抜け出すことをある程度まで許容できる場合には，経済的となる。

(7) その他の表面材

その他に分類される表面材の代表例としては，補強材と小型の三角型支圧板および互いにワイヤーロープで構成される「ワイヤーロープ掛け工」がある。この工法は，斜面上に設置した補強材の頭部を専用の小型プレート（支圧板）で固定し，各プレート間をワイヤーロープや特殊なネットで連続固定するものである。

4.6 その他の材料

地山補強土工法の耐久性や補強効果の持続性を高めるために，現場状況や施工に応じて，スペーサー，ナット，プレート，カップラおよび排水材などを適切に使用するものとする。

【解説】

スペーサーは，芯材と定着材とのかぶりが得られるように設置するもので，一般には最大ピッチ 2.5 m で 1 つの芯材に 2 箇所以上取り付ける。スペーサーの例を**解説図**-4.10 に，その配置例を**解説図**-4.11 に示す。なお，スペーサーは，一般に鋼製や樹脂製のものが使用される。

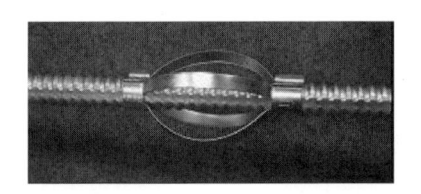

解説図-4.10 スペーサーの一例

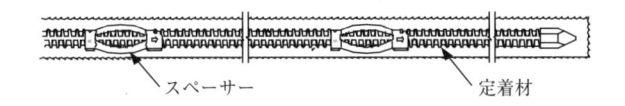

スペーサー　　　　　　　　　定着材

解説図-4.11 スペーサーの配置例

また，狭隘な現場や削岩機による施工など，条件によっては芯材をカップラによりジョイントする必要が生じる。カップラは，一般に鋼製や樹脂製が使用される。継手強度は，芯材の機械的性質と同等以上の継手強度が求められるが，継手の設計強度にあわせて補強材として設計してもよい。カップラの例を**解説図**-4.12 に示す。

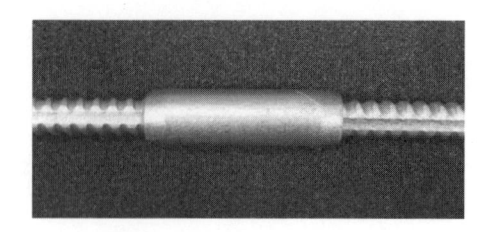

解説図-4.12　カップラの一例

　解説図-4.13に排水材の形態を，解説図-4.14に排水処理例を示す。特に壁体コンクリートや吹付けモルタルなどの被覆性の表面材を用いる場合には，その背面に排水材を適切に配置する必要がある。
　その他の排水処理材として水抜きパイプがあるが，水抜きパイプは，地山からの湧水がある場合や湧水が想定される場合に，耐食性材質の水抜きパイプを排水材と組み合わせて使用するとよい。

（a）立体状排水材（例1）

（b）立体状排水材（例2）

（c）面状排水材（例1）

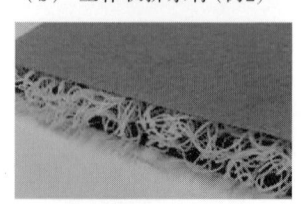

（d）面状排水材（例2）

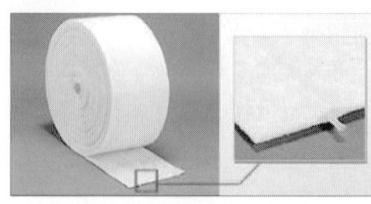

（e）面状排水材（例3）

解説図-4.13　排水材の例

解説図-4.14　排水材処理例

参考文献

1) 田山　聡, 前野宏司, 松山裕幸:地山補強土工法の耐久性に関する調査, 土と基礎, Vol.44, No.10, pp.35 ～ 36, 1996.
2) 溶融亜鉛めっきの耐食性, 亜鉛めっき鋼構造物研究会, 2005.
3) 吹付けコンクリート指針（案）【のり面編】, 土木学会, 2005.

第5章 設　　計

> **5.1　設計の基本**
> 　地山補強土工法の設計においては，構造体を適切にモデル化し，施工開始から完成後の供用期間中に想定される作用に対して，構造物の重要度に応じた安定性・変形性および部材耐力を満足するように，適切な構造形状・部材仕様を設定するものとする。

【解説】
　地山補強土工法の設計では，その使用目的や重要度および地盤条件，地下水の状態，周辺環境を考慮し，施工時および完成後の供用期間を通して想定される荷重状態（施工時，常時，降雨時，地震時等）に対して，構造物全体が安定で各部材が所要の性能を有し，かつ有害な変形が生じないように地山補強材や表面材（表面材設置工）の仕様を設計する必要がある。

　また，設計に際しては，以下の（1）～（4）の各項に留意する必要がある。道路や鉄道など，既に本工法に関する設計基準や施工指針[1)～3)]が整備されている箇所においては，それによられたい。

　本マニュアルで対象とする地山補強土構造物の設計フローの例を**解説図-5.1**に示す。

（1）本マニュアルで対象とする補強効果

　地山補強材の補強効果としては，地山の剛性や補強材の変形レベルに応じて曲げ・せん断・圧縮・引張り抵抗が複合的に発揮される。しかし，これらの全てを設計計算に定量的に取り入れることは現状では困難であり，また，ほとんどの場合，引張り補強効果が卓越することから，設計上は一般に引張り抵抗のみが取扱われることが多い[1)～3)]。これらの状況を鑑み，本マニュアルについても，引張り抵抗のみを考慮することとした。

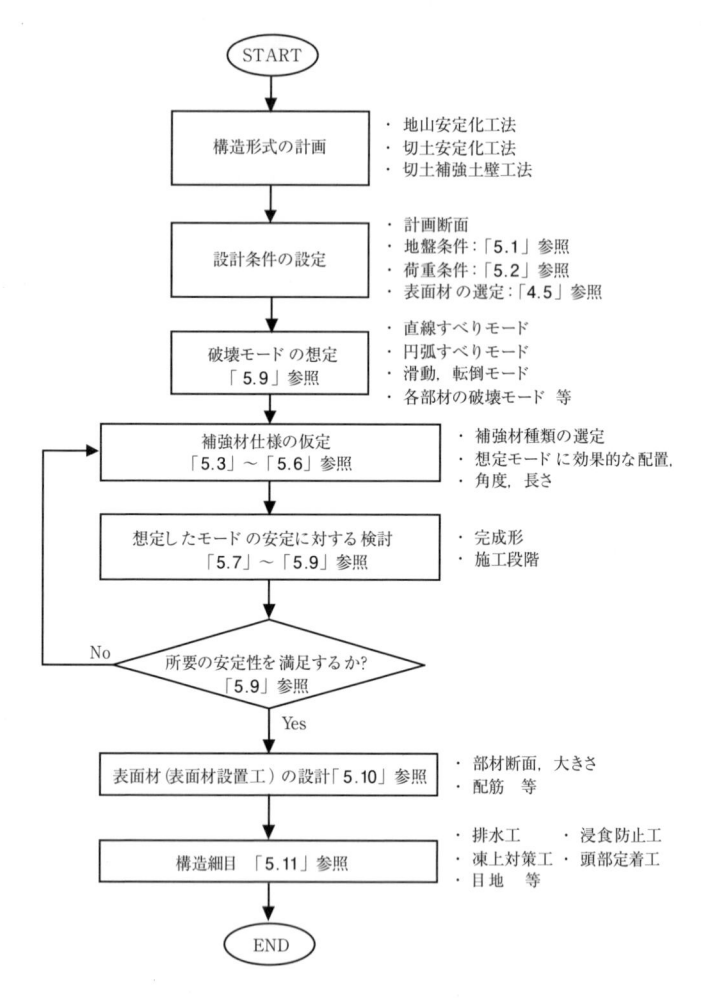

```
                    ┌─────────┐
                    │  START  │
                    └────┬────┘
                         ▼
              ┌──────────────────┐   ・地山安定化工法
              │   構造形式の計画  │   ・切土安定化工法
              └─────────┬────────┘   ・切土補強土壁工法
                        ▼
              ┌──────────────────┐   ・計画断面
              │                  │   ・地盤条件：「5.1」参照
              │   設計条件の設定  │   ・荷重条件：「5.2」参照
              │                  │   ・表面材の選定：「4.5」参照
              └─────────┬────────┘
                        ▼
              ┌──────────────────┐   ・直線すべりモード
              │   破壊モードの想定│   ・円弧すべりモード
              │    「5.9」参照    │   ・滑動，転倒モード
              └─────────┬────────┘   ・各部材の破壊モード　等
                        ▼
   ┌──────►┌──────────────────┐   ・補強材種類の選定
   │        │   補強材仕様の仮定│   ・想定モードに効果的な配置
   │        │ 「5.3」～「5.6」参照│   ・角度，長さ
   │        └─────────┬────────┘
   │                  ▼
   │        ┌──────────────────┐   ・完成形
   │        │想定したモードの安定│   ・施工段階
   │        │   に対する検討    │
   │        │ 「5.7」～「5.9」参照│
   │        └─────────┬────────┘
   │                  ▼
   │   No     ╱─────────────╲
   └────────<所要の安定性を満足するか？>
              ╲  「5.9」参照  ╱
                ╲───────────╱
                     │Yes
                     ▼
          ┌────────────────────────┐   ・部材断面，大きさ
          │表面材（表面材設置工）の │   ・配筋　等
          │  設計「5.10」参照       │
          └───────────┬────────────┘
                      ▼
          ┌────────────────────────┐   ・排水工　・浸食防止工
          │  構造細目「5.11」参照   │   ・凍上対策工・頭部定着工
          └───────────┬────────────┘   ・目地　等
                      ▼
                 ┌─────────┐
                 │   END   │
                 └─────────┘
```

解説図-5.1　地山補強土構造物の設計フローの例

（2）対象地盤の強度の設計値

　設計計算では，計画する地山補強土構造物の形状（表面形状・地層形状）をモデル化するとともに，対象構造体の破壊モードを想定し，それらに対して適切な計算手法を適用する。

　本工法は地山との相互作用によって安定性を確保する工法であるため，対象とする地山（自然地盤や既設盛土）強度の設定が重要となる。特に自然地盤を

第5章 設　計

対象とする場合には，その不均一かつ不均質性の問題から，地山の設計諸定数を適切に設定することが求められる。

本マニュアルでは地山補強土工法を3つに分類して，その取り扱いを定めているが，計算においては，「切土安定化工法」および「地山安定化工法」では円弧（または直線）すべり法を，「切土補強土壁工法」では背面土圧に対する滑動・転倒安定および円弧すべり法を設計計算法として適用することとした。したがって，地山補強土構造物の設計に必要な地盤のパラメータとしては，単位体積重量 γ，粘着力 c，内部摩擦角 ϕ となる。これらについては，**解説表-5.1** に示す土質試験によって適切に設定することが望ましい。また，地下水位や地層区分を明確に設定することが重要となるが，これについては資料調査や標準貫入試験を伴うボーリング調査を，現地の状況を勘案したうえで，適宜複数の箇所で実施する必要がある。

解説表-5.1　一般的な土質試験の項目

試験項目	求められるパラメータ	備考	
標準貫入試験	N 値	—	JIS A 1219
土の湿潤密度試験	γ	—	JIS A 1225
一軸圧縮試験	c	—	JIS A 1216
三軸圧縮試験	ϕ, c	非圧密非排水　UU	JGS 0521
		圧密非排水　CU	JGS 0522
		圧密非排水　$\overline{\text{CU}}$	JGS 0523
		圧密排水　　CD	JGS 0524

設計において，間隙水圧の変化を考慮した長期的な安定性を考慮した検討を行う場合の強度に関する設計パラメータを求める試験では，原位置における応力状態や排水条件を近似した評価が行える室内土質試験を行うことが必要である。例えば，粘性土系においては非排水条件でのせん断試験として CU 試験または $\overline{\text{CU}}$ 試験が，砂質土系においては非排水条件でのダイレイタンシーによる負の過剰間隙水圧の影響を除くための CD 試験が適当である。

現地の地質状況により不攪乱試料のサンプリングが困難な場合等は，地形状況や既存資料を調査したうえで標準のり面勾配，あるいは想定したすべり面に

おいて，簡易貫入試験等より得られる N 値からの換算式を用いて内部摩擦角 ϕ を定め，現状斜面の安全率を 1.0 以上（1.0～1.2 程度）と仮定し，逆算法により粘着力 c を仮定する方法などが用いられている。

また，地震時の検討も含めて設計を行う場合には，既往最大地震力の履歴を受けた結果が現況地形の形状であると仮定し，逆算の際に既往最大水平震度を考慮した逆算法によって強度定数を設定することもある。

（3）細目検討

地山補強土構造物の設計では，長期にわたって問題が生じないように，以下の項目についての検討も併せて行い，適切な構造体とする必要がある。

① 寒冷地において切土のり面や自然斜面が凍上するおそれがある場合には，凍上対策の検討
② 切土のり面の安定のための排水工の計画
③ 表面工に格子枠やコンクリート一体壁を用いる場合には，目地に対する検討

このほか，地山補強材の頭部定着材の処理や補強芯材の防食，切土のり面と背面地山の境界面における浸食防止工など，適切に処置することが重要である。なお，これらについては「5.11 構造細目」に経験的な仕様が示されているので参照されたい。

5.2 設計に用いる荷重

設計に考慮する荷重は，施工時および供用期間を通じて想定される荷重を適切に組み合わせるものとする。

【解説】

解説表-5.2 に，設計に考慮すべき荷重の種類の例を示す。設計にあたっては，使用目的（適用用途，重要度）に応じて，各基準類を参考に設計に用いる荷重およびその組合せを設定するとよい。

地山補強土構造物に作用する代表的な荷重としては，土の自重による荷重であり，すべり破壊における滑動力や壁面工の計算における土圧がこれにあたる。

解説表-5.2　設計に考慮する荷重の種類の例

荷重分類	荷重の種類	具体的な荷重種類
永久荷重 （死荷重）	土・表面材の自重	盛土，地山の自重，表面材，付帯構造物等
	上載荷重	施工時上載荷重 軌道設備の荷重等
	その他荷重	電柱，防音壁等
変動荷重 （一時荷重）	交通荷重	車両荷重，列車荷重
	風荷重	
	雪荷重	
土　圧		常時土圧，変動荷重による土圧，地震時土圧
水　圧		地下水位の影響
地震の影響		地震慣性力

地山補強土工法の設計において，一般に考慮すべき荷重状態は以下のとおりである。なお，下記以外の荷重の取扱いについては，各設計基準や施工指針[1)～3)]によられたい。

1) 常時状態

　永久荷重（死荷重）のみが作用している状態であり，土の自重・表面材自重・その他付帯構造物等（高欄，防音壁，電柱等）の自重を考慮する。

2) 一時状態

　一時状態は，常時状態の荷重に加えて，一時的に構造物に作用する荷重を適切に組み合わせた状態である。例えば，車両荷重や衝突荷重や列車荷重，表面材に高欄・防音壁や電柱を付帯構造物として設置する場合には風荷重等を，積雪地帯においては雪荷重を一時荷重として適切に組み合わせる。

3) 地震時状態

　地震時の荷重を考慮した検討を行う場合は，一般には，常時の荷重状態に，想定される地震の影響を組み合わせる。

4) 施工時状態

　地山補強土構造物の一般的な施工手順は，安定する範囲で小段に掘削し，切土のり面に吹付けを行い，地山補強材を打設し，順次この手順が繰り返されることで施工がなされる。

　このため，各段の掘削直後が最も崩壊の危険性が高い状態となる。また，労

働安全衛生規則の遵守においても，施工中の安全性を確保する必要がある。

施工時状態の荷重は，現場状況を勘案して適切に組み合わせることが重要となるが，一般には，土自重，地下水位，施工機械，仮設構造物荷重等を考慮する。このほか，鉄道基準では施工期間が長期にわたる場合などには，地下水位の変動や地震の影響などについても考慮している。

5.3 補強材設置の基本

地山補強材の配置（配置位置，配置間隔），設置角度および長さは，施工時および完成後の供用期間を通じての構造物全体の安定性を考慮して設定することを基本とする。

【解説】

地山補強材による補強効果は，補強材の配置（配置位置，配置間隔），設置角度，長さなどの仕様によって異なる。このため，地山補強土工法の設計では，対象とする斜面の安定性を確保させるために，補強材の配置，設置角度および長さを試行的に変えて安定計算を行い，最も高い補強効果が得られるような合理的な配置を設定することが重要である。

また，補強材長さは安定計算上の必要長さに加え，構造細目および施工機械の削孔能力からも，その最小・最大長さが決定されるため，これを満足する必要がある。

5.4 補強材の配置と配置間隔

地山補強材の配置位置と配置間隔は，施工時および完成後の供用期間を通じての構造物全体の安定性を考慮して設定するものとする。

【解説】

地山補強材は，補強対象である斜面全体に均等に配置するとともに，掘削施工時の安定性を考慮した配置とすることを基本とする。また，安定計算は通常二次元断面で行われるが，奥行き方向の間隔が大きい場合には，三次元的な破

壊に対しても注意する必要がある。また，配置間隔を極端に狭くした場合には，群効果による補強効果の減少なども考慮する必要がある。これらに対する事前の配慮として，最小間隔，最大間隔の設定が重要となる。

（1）補強材の配置位置の考え方

1）地山安定化工法の場合

地山安定化工法における補強材配置位置の仮定においては，はじめに完成後の形状に対して無補強の場合に最も安全率が小さくなるすべり面を求め，このすべり面に対して全体を横切るように配置するとよい（**解説図** -5.2）。

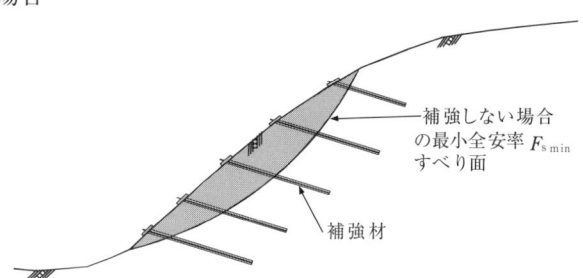

次に，仮定した断面に対して安全率が1.0を下回る円弧が存在しないことを確認するのがよい（**解説図** -5.3）。

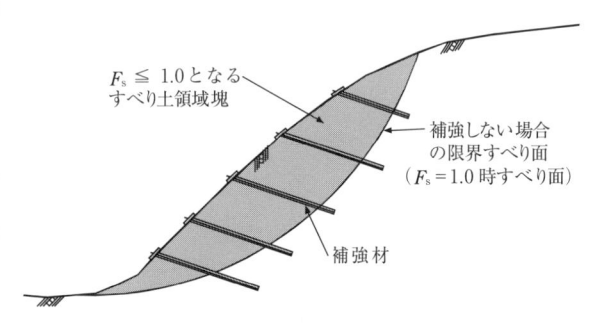

解説図 -5.2 最小安全率円弧に対する配置例

解説図 -5.3 F_s=1.0時すべり面に対する配置例

2）切土安定化工法，切土補強土壁工法の場合

切土安定化工法，切土補強土壁工法における補強材の配置位置は，完成後の安定性のみならず，掘削時の安全性を確保するうえでも重要なものとなる。

解説図 -5.4は，最上段の補強材位置が低すぎる場合の例を示す。この場合，一次掘削深さが非常に深くなり，無補強状態での切土斜面の安定の確保が困難となる。

また，2段目以降の鉛直方向の補強材間隔が大きすぎる場合にも，各掘削段階での補強材設置前状態において安定性の確保が困難となる。このため，全掘

削工程を考慮した施工時の安定検討により，補強材の配置位置，配置間隔を決定することが重要となる。

一般には，最上段の補強材配置位置をのり肩から1.0m程度以内とすることが多い[2),3)]。

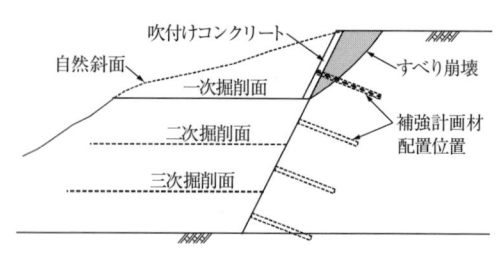

解説図-5.4 急勾配掘削時の崩壊の例

3) 補強材の配置方法

解説図-5.5に，補強材の配置方法を示す。

一般には，正方形配置を基本とすることが多いが，設計上，奥行き間隔を大きくしても安定性を確保できる場合には，長方形配置とした方が経済的となる。

しかし，このような場合，（2）に解説する三次元的な小崩壊が懸念されるため，このような場合には千鳥配置とするのが効果的である。

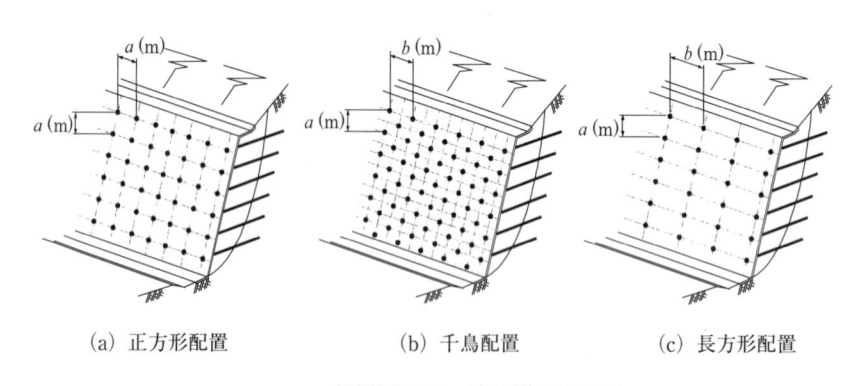

(a) 正方形配置　　(b) 千鳥配置　　(c) 長方形配置

解説図-5.5 補強材の配置例

（2）補強材の配置間隔の考え方

補強材の配置間隔は，通常二次元での安全率を満足するように行われるが，奥行き方向の間隔が大きい場合には，**解説図-5.6**に示すように三次元的な部分破壊が発生することが懸念される。このような破壊は，のり面表層部の風化や降雨，地震により発生する危険性が大きいと考えられる。

逆に，補強材の配置間隔が小さすぎる場合には，杭の群効果と同様に，地山補強材でも設計上期待した1本当たりの補強材抵抗が発揮できない場合がある。

以上のように，補強材の配置間隔は二次元的な安定計算のみにとらわれず，施工時および完成後の対象斜面の部

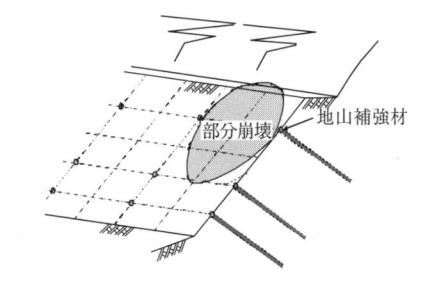

解説図-5.6 切土安定化工法の部分崩壊

分的・全体的な安全性を考慮して決定することが重要である。このことから，経験的に補強材の最小・最大間隔が示されている[1)～3)]。

また，鉄道基準[2),3)]では，群効果による補強材抵抗の制限値を**解説図-5.7**のように，「設計上の補強材抵抗力の総和：ΣT_i」≦「補強領域の土塊重量：W」として実務設計に取り入れている。

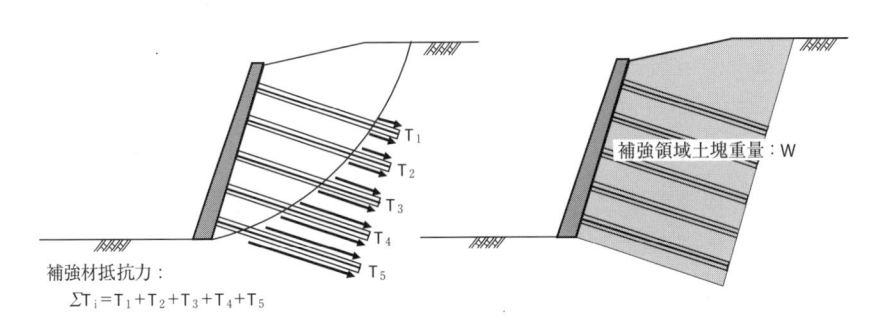

解説図-5.7 群効果による補強材抵抗の制限の考え方

（3）補強材の配置間隔の目安

補強材の配置間隔は，掘削施工時の安定性，完成後の全体・部分安定性，および群効果等への影響が大きく，表面材の剛性や支持力にも影響する。

このことから，道路基準[1)]や鉄道基準[2),3)]においては，設計の前提としての経験的な補強材間隔の目安が，以下のように示されている。

1）最小打設間隔

補強材の間隔が極端に狭いと相互の補強材が干渉して，個々の補強材におい

て十分な補強効果が得られない現象、いわゆる群効果が現れる。このため、最小打設間隔を 1.0 m と定めている。

2) 最大打設間隔

道路基準[1]では、小径補強材を適用した場合の地山安定化工法および切土安定化工法を対象として、過去の施工実態調査を参考に 1 本 /$2m^2$ 程度の間隔が適当であるとして、最大打設間隔を 1.5 m としている。ただし、十分な周面摩擦抵抗力を期待できる岩盤などへ適用する場合には、剛な表面材を一体化させることを条件として 2.0 m まで間隔を広げてよいとしている。

鉄道基準[2],[3]では、切土補強土壁工法の完成後の全体安定性を期待できる経験的な目安として、解説図-5.8 のように補強材の有効径と最大打設間隔の関係を示している。

各基準で取り扱う地山補強土工法の種類は異なるが、例えば小径補強材（$\phi = 50mm$）

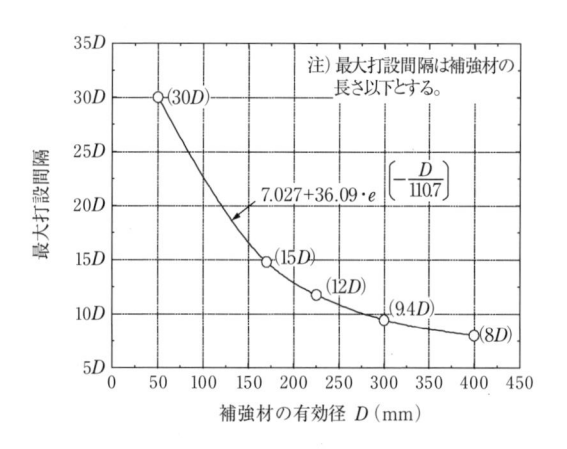

解説図-5.8 補強材有効径と最大打設間隔（目安）

注）最大打設間隔は補強材の長さ以下とする。

$7.027 + 36.09 \cdot e^{\left(-\frac{D}{110.7}\right)}$

の場合の基本最大配置間隔はともに 1.5 m と制限していることがわかる。これらの基準[1]〜[3]では、これまでの十分な実績を踏まえた目安として最大間隔を示しており、今後、各地山補強土構造物の設計・施工の際の十分な目安となると考えられる。

(4) 補強材の配置が表面材（表面材設置工）に及ぼす影響

切土補強土構造物において、施工時の吹付け等の表面保護材および完成後の表面材の種類は、解説図-1.21 に示したとおりである。

補強材間隔が大きい場合、補強材 1 本が受持つ補強材反力が大きくなるため、表面材に要求される支持力や剛性も大きくなる。このため、設計にあたっては

第5章 設計

採用する表面材の種類を考慮して，補強材間隔を設定することも重要である。

解説表-5.3 に，補強材間隔が表面材に及ぼす影響と留意点を示す。

切土補強土壁工法のように，壁面材を採用する場合には，補強材と壁面材は一体化しているため，すべり土塊の補強材からの抜出し破壊モードは発生しないが，補強材間隔が大きくなった場合に壁面部材の発生断面力が大きくなる。このため，適用する壁面材の断面剛性と補強材間隔を勘案して，合理的な設計を行うことが重要である。

地山安定化工法や切土安定化工法において，支圧板を適用する場合には，支圧板間の部分崩壊（**解説図**-5.6 参照）や支圧板の支持力に対する検討が必要である。また，のり面保護材を採用する場合には，補強材からのすべり土塊の抜出し（**解説図** 5-14，5-17 参照）についても検討する必要がある。

解説表-5.3　補強材間隔が及ぼす表面材への影響と留意点

表面材の種類		影響と留意項目
壁面材 （壁面工）	コンクリート一体壁	・補強材間隔が大きい場合や，壁面材端部の補強材を支点とする片持ち長が長くなる場合，壁面材の発生断面力（曲げモーメント・せん断力）が大きくなる。 ・壁面材に作用する土圧や円弧すべり起動力に対して，現実的な部材となるように補強材間隔を決定する。
	格子枠	
	吹付け	
	繊維補強土	
支圧板	独立支圧板	・補強材間の地盤の部分崩壊（三次元的崩壊）がないよう，「 5.4 解説（2）」を参考に補強材間隔を設定する。 ・補強材からのすべり土塊の抜出し崩壊がないよう，抜出し土塊側の補強材抵抗力および支圧板支持力を考慮した補強材間隔を設定する。
	簡易支圧板	
のり面保護材 （のり面保護工）	植生工	・補強材間の地盤の部分崩壊（三次元的崩壊）がないよう，「 5.4 解説（2）」を参考に補強材間隔を設定する。 ・補強材からのすべり土塊の抜出し崩壊がないよう，抜出し土塊側の補強材抵抗力を考慮した補強材間隔を設定する。

5.5 補強材の設置角度

補強材の設置角度は，安定計算上は補強効果が最も高くなるように設定するのが経済的であり，対象とする地山の地層構成や現場での施工条件などを考慮して，水平面より下向きの範囲で適切に定めることを基本とする。

【解説】

地山補強材の補強効果は，想定すべり破壊面に対する配置角度によって大きく異なることは一面せん断試験の結果からもよく知られている[4]。

解説図-5.9に示すように，補強材の長手方向が土に作用する最小主応力の方向に一致しているとき，すなわち純粋な引張り補強材として用いられているときに最も補強効果が大きく，このときの角度（想定破壊すべり面の法線と補強材長手方向が成す角）は，

$\theta = 45° - \dfrac{\phi}{2}$ である。

解説図-5.9 設置角度と補強効果

ここに，ϕ は土の内部摩擦角である。さらに補強材の長手方向が土に作用する最大主応力の方向に一致しているとき，すなわち純粋な圧縮補強材として用いられているときに若干の補強効果があり，このときの角度は，

$$\theta = \left(45° - \dfrac{\phi}{2}\right) \pm \left(45° + \dfrac{\psi}{2}\right)$$

である。ここに，ψ は土のダイレイタンシー角である。しかし，補強材の長手方向が伸び縮みのない方向に配置されるときは全く補強効果がない。

一般には，水平面より下向きに10～30°の範囲に配置すれば補強効果が高い。

1) 力学的原理（補強効果）における効果的設置角度

補強材の引張り抵抗は，すべり面に平行方向の引張り抵抗成分と，すべり面

直角方向成分に分割され，後者はすべり土塊を締付ける力，すなわちすべり面でのせん断抵抗力を増加させる締付け効果として抵抗が発揮される（**解説図-5.10 参照**）。

したがって，上記のように設置角度の関数である補強材の引張り抵抗による２つの効果が最大（補強材抵抗力が最大）となる設置角度が最も合理的な設置角度となる。その結果として，通常の無補強地山での最小主ひずみ ε_3（最大引張りひずみ）の方向に補強材を配置するのが，最も効果的である。

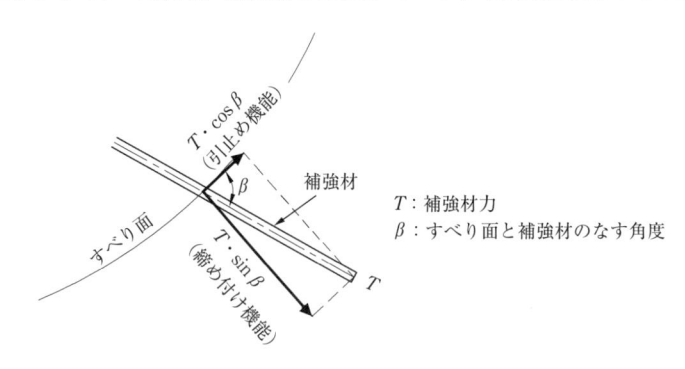

解説図-5.10　補強材力模式図

2) 地山補強材の施工を考慮した設置角度

地山補強材頭部を表面材とナット等を用いて一体化させる場合に，補強材をのり面の直角方向に対して勾配を付けて設置すると，頭部構造においてテーパー処理（角度調整）が必要となる。また，その勾配が極端に大きな場合には，表面材に偏心力が働き，設計上これを無視できない場合も想定される。

一方，掘削を伴う地山補強土工法においては，のり面に直角な方向と無補強時の最小主ひずみ ε_3（最大引張りひずみ）の方向は概ね一致する。したがって，施工の点のみならず，理論的にものり面に直角な方向に設置するのが合理的となる場合が多い。ただし，掘削を伴わない緩斜面の補強においては，必ずしも一致しないため，補強効果を優先するか施工性を優先するかにより決定するのが合理的である。

また，定着材を後注入する施工方式では，補強材が水平に近い角度で設置さ

れた場合，口元からの注入材の流出により定着材の施工が困難となる。また，ブリーディングの影響が懸念される。ブリーディングの影響を排除するためには，グラウンドアンカー工と同様に水平より±5°の範囲に設置しないようにするのが望ましい。

5.6 補強材の長さ

補強材の長さは，地山の土質条件，補強材の配置や設置角度に応じて，引抜け破壊が生じないよう安定計算により各段の長さを設定するものとする。

【解説】

地山の安定に必要な補強材の長さは，補強材の配置位置，配置間隔や設置角度，補強材径，地盤の周面摩擦抵抗力度などから設計計算によって算定される。しかし，対象地盤の状況（硬軟度，地中障害，玉石・礫等の混入度など）と適用する地山補強土工法の施工能力（削孔能力）などを勘案して，施工の観点から現実的な最大長さを設定することが重要である。

また，設計計算上は，必要補強材長が非常に短く（例えば，0.5mなど）なるような場合もある。しかし，のり面の表層部は降雨や地震による崩壊，風化による強度劣化などの影響を受けやすいため，設計計算の結果にかかわらず，これらの不確実性要素を考慮した最小補強材長を設定しておくことが重要である。このため，各基準では経験的に最小補強材長を定めており，道路基準[1]では2m程度，鉄道基準[2,3]では1.5mと定めている。

最大補強材長については，各基準[1]~[3]ともドリルタイプの削孔機の能力と地山の性状に基づいて，その目安を示している。道路基準では，補強材の長さが大きくなると施工性や経済性の面でグラウンドアンカーに劣ることから，補強材の最大長さは5mとしている。

鉄道基準[2,3]では，補強材の最大長さの目安を小径棒状補強材の場合5m，中径棒状補強材の場合7m，大径棒状補強材の場合10mとしている。なお，設計で設定する補強材の長さは施工の精度などを勘案して50cm単位で設定するとよい。

第5章 設 計

　ここで，地山補強土工法の補強材の長さの設定においては，補強材抵抗の基本的考え方として，以下の2つがあげられる。
（1）引止め効果としての考え方
　解説図-**5.11**のように，すべり形状が予測できる場合には補強材はグラウンドアンカーのような引留め効果を期待するもので，このような場合には定着地盤の層形状を考慮して各段で所定の補強効果が得られるように，補強材の長さを決定するとよい。

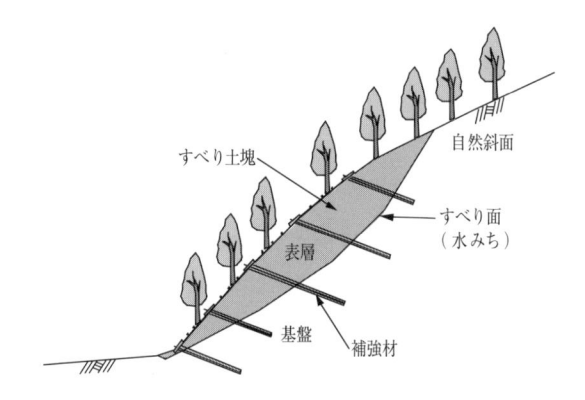

解説図-**5.11**　引止め効果を期待した補強材配置の例（不等長）

（2）補強領域としての考え方
　切土安定化工法および切土補強土壁工法など，すべり面が特定できない場合には，補強材を配置した領域内・外にて試行的にすべり面を仮定した安定計算を行い，最小安全率となるすべり面を設計上の破壊すべり面とする方法が適用される。
　この場合，補強された土塊および補強材は一体化した補強領域として見なし，すべり面の外側に位置する補強材がこのすべり面に対して抵抗すると見なす。このような適用における補強材の配置形態としては，**解説図**-**5.12**（a）に示すように全段等長配置とする場合が多い。ただし，現場の施工条件として用地境界などの制限がある場合には，同図（b）に示すように矩形の補強領域を設定することもある。

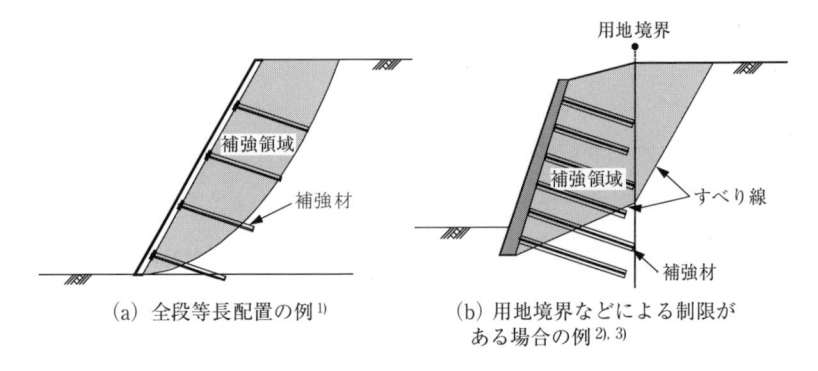

(a) 全段等長配置の例[1]　　(b) 用地境界などによる制限がある場合の例[2,3]

解説図-5.12　補強領域（マス）としての補強

5.7　補強材（抵抗）力

　地山補強土における補強材の実際の補強効果は，曲げ補強効果，せん断補強効果，圧縮補強効果および引張り補強効果が複合的に発揮されるが，本マニュアルでは主たる補強効果である引張り補強効果について取扱うものとする。

【解説】

　地山補強土における補強材の実際の補強効果は，曲げ補強効果，せん断補強効果，圧縮補強効果および引張り補強効果が複合的に発揮されるものであるが，各基準類[1〜3]の設計では，これら補強効果のうち，主たる補強効果である引張り補強効果について取扱われている。

　ここで，補強材周面の許容引抜き抵抗力 T_{pa} は，**解説図-5.13**に示すように，芯材と定着材との許容付着力 T_{ca} と，定着材と周辺地盤との許容摩擦抵抗力 T_{ba} のうち，小さい値（$T_{pa} = \min(T_{ca}, T_{ba})$）として求められる。さらに，**解説図-5.14**に示すように，移動土塊側の許容引抜き抵抗力を T_{1pa}，不動土塊側を T_{2pa} とした場合，移動土塊側の全許容引抜き抵抗力は，同図に示すように移動土塊側の補強材周面の許容引抜き抵抗力 T_{1pa} と表面材による許容支圧抵抗力 T_{0a} との総和であり，不動土塊側の全許容引抜き抵抗力は，補強材周面の

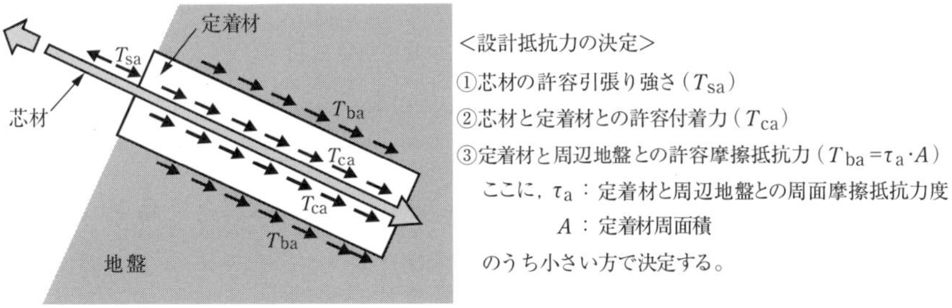

第5章 設 計

解説図-5.13 地山補強工法の補強材周囲の許容引張り抵抗力

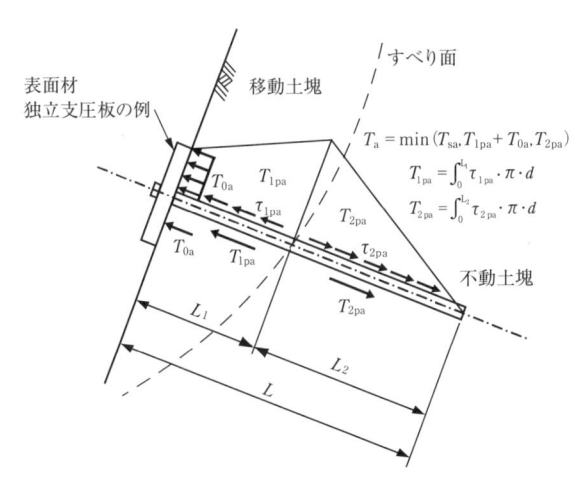

＜設計抵抗力の決定＞
① 芯材の許容引張り強さ（T_{sa}）
② 芯材と定着材との許容付着力（T_{ca}）
③ 定着材と周辺地盤との許容摩擦抵抗力（$T_{ba}=\tau_a \cdot A$）
　ここに，τ_a：定着材と周辺地盤との周面摩擦抵抗力度
　　　　　 A：定着材周面積
のうち小さい方で決定する。

解説図-5.14 移動土塊を考慮した力の概念図

許容引抜き抵抗力 T_{2pa} に等しい。

　設計において考慮する補強材の許容引張り力 T_a は，一般に**解説図-5.14**に示すように，芯材の許容引張り強さ T_{sa} と，不動土塊側の全許容引抜き抵抗力 T_{2pa} と，移動土塊側の全許容引抜き抵抗力 $T_{1pa}+T_{0a}$ のうちの最小値であり，**解説式**（5.1）で求められる．

$$T_a = \min(T_{sa}, T_{1pa}+T_{0a}, T_{2pa}) \qquad \cdots \quad \textbf{解説式（5.1）}$$

　ただし，T_{sa} が十分大きいことが明白な場合や T_{sa} が**解説式**（5.1）右辺の最小値にならないように決定する場合は，設計において考慮する補強材の許容引

張り力 T_a は，**解説式（5.1a）**で求めてよい．

$$T_a = \min\ (T_{1pa}+T_{0a},\ T_{2pa}) \qquad \cdots \text{解説式（5.1a）}$$

すなわち，T_a は移動土塊側の許容引抜き抵抗力 $T_{1pa}+T_{0a}$ と不動土塊側の許容引抜き抵抗力 T_{2pa} のうち小さい方の値である．

切土補強土壁のように剛な連続壁を表面材に用いる場合には，移動土塊側の補強材からの抜け出しは発生しないため，設計に考慮する補強材の許容引張り力 T_a は，必然的に**解説式（5.2）**として求められる．

$$T_a = \min\ (T_{sa},\ T_{2pa}) \qquad \cdots \text{解説式（5.2）}$$

なお，格子枠や吹付け，または繊維補強土を表面材に採用した場合でも，表面材の耐力および補強材と表面材の結合が十分にあり，移動土塊が補強材から抜け出すような破壊が発生しない場合は，設計に考慮する補強材の許容引張り力 T_a を**解説式（5.2）**により算定することができる．

支圧板を用いる場合には，**解説式（5.1）**により設計に考慮する補強材の許容引張り力 T_a を算定することとなるが，この場合，適用する表面材の剛性や大きさ・形状などにより，その支圧力の算定方法は明確にされていないのが現状であり，今後の課題である．

なお，道路基準[1] では，表面材の種類に応じたのり面工係数 f_a を用いた方法により $T_{1pa}+T_{0a}$ を評価し，補強材の許容引張り力 T_a を算出するものとしている（**参考資料3**参照）．

鉄道基準[2],[3] では，切土補強土壁工法においてはコンクリート一体壁を基本としていることから，設計に考慮する補強材の許容引張り抵抗力 T_a の算定は**解説式（5.2）**によることを基本としている．また，施工時においても吹付けコンクリートを実施することを前提に，一般的に移動土塊側の補強材からの抜け出しについては考慮していない．

（1）芯材の許容引張り強さ T_{sa}

地山補強土工法の芯材としては，鉄筋やFRPロッドが用いられている．鉄

筋を用いる場合は，許容引張り応力度に芯材の断面積を乗じて求めるが，道路の基準では，永久構造物として使用する場合は，これまでの調査実績から腐食代として全周 0.5 mm 考慮している。一方，鉄道の基準では全周 1 mm を考慮している。なお，FRP ロッドには腐食代は考慮しなくてよい。

　一般にネイリングの場合の鉄筋のかぶりは，鉄筋コンクリートの場合と比べて少なく，さらに一様ではない。また，グラウンドアンカー工法[5]のように錆（さび）の発生がその機能に重大な影響を与えることも少ない。ただし，工場敷地内や温泉地帯等で地盤の酸性度が高い場合は，定着材の中性化が進み，芯材が錆やすくなることがある。このような鉄を腐食させやすい環境下においては，適切な防食工を検討するものとしている。

FRP ロッドの諸元については，「**4.2 芯材**」による。

（2）芯材と定着材との許容付着力 T_{ca}

　芯材と定着材との許容付着力 T_{ca} は芯材周面積に許容付着応力度を乗じて求める。ここで，芯材周面積は芯材周長に定着長を乗じたものである。ただし，永久構造物として使用する場合は，腐食代を考慮する。

　芯材と定着材の間の許容付着力は，本来は付着試験を行い決定されるべきものと考えられる。しかし，地山補強土工法と同様な長尺の材料を使用するグラウンドアンカー工[5]では，異形鋼棒については「道路橋示方書・同解説」の値を一般的に採用しており，これまでの実績から判断して特に問題はないと考えられる。したがって，本工法においても同じく「道路橋示方書・同解説」の値を採用した。なお，鉄筋以外の材料については，事前に材料の特性を調べたり，実際に短い材料を用いて付着力の確認試験を行ったりするなどして，許容値を設定する。

5.8 定着材と周辺地盤との許容摩擦抵抗力

　地山補強土における定着材と周辺地盤との許容摩擦抵抗力は，地山の土質，強度，補強材に作用する拘束圧，補強材周面積等を勘案して適切に設定するものとする。

【解説】

　補強材の定着材と周辺地盤との許容摩擦抵抗力 T_{ba} は，定着材と周辺地盤との極限周面摩擦抵抗力度 τ に補強材の設計補強材長 L_d（**解説図 -1.4 参照**）に相当する周面積を乗じて求めた極限引抜き抵抗力を安全率で除して求める。

　定着材と周辺地盤の極限周面摩擦抵抗力度 τ は，事前に引抜き試験（適合性試験）を行って決定することが望ましいが，実際に設計計画段階において引抜き試験（適合性試験）が実施されるケースは少なく，一般には計算式によるか，地山別の推定値や同様の地盤で採用された実績値が設計に採用されることが多い。

　計算式による場合は補強材に作用する拘束圧および地盤の土質諸数値から**解説式 (5.3)** を用いて算定する[4]。

$$\tau = \sigma' \cdot \tan \phi + c \qquad \cdots \quad 解説式\ (5.3)$$

　ここに，　τ：極限周面摩擦抵抗力度（kN/m^2）
　　　　　σ'：有効上載圧（kN/m^2）
　　　　　c：土の粘着力（kN/m^2）
　　　　　ϕ：土の内部摩擦角（°）

　推定値による場合は，地盤工学会基準「グラウンドアンカー設計・施工基準，同解説」[5]に示されるアンカーの極限周面摩擦抵抗力度を 80％に割引いて設計で用いていた。これは，グラウンドアンカーにおいて定着材を加圧注入した場合の実績値を参考に設定されたものであるため，無加圧注入で施工されることが多い地山補強土工法において，このまま適用することは危険側の設計となるおそれがあるためである。しかしながら，地山補強材はグラウンドアンカー

の定着部よりは浅い箇所で用いられるため，それらに対する割引なども考慮する必要性があることから，地山補強材の引抜き試験データを用いた推定値の提案が待たれていた。

そこで，本マニュアルの作成に際して，地山補強土工法の施工実績調査を行い，各事業者や協会，施工業者の協力を得て，これまでに実施された地山補強材の引抜き試験データの収集を行い，極限周面摩擦抵抗力に関する検討を行った[6]。**解説表-5.4** に収集した引抜き試験データに基づく極限周面摩擦抵抗力度を示す。設計で用いる極限周面摩擦抵抗力度は同表によるか，あるいは計算式による方法の**解説式 (5.3)** のいずれか小さな値を用いるものとする。

解説表-5.4 収集した地山補強材の引抜き試験データに基づく極限周面摩擦抵抗力度の推定値

地山の種類			極限周面摩擦抵抗力度 (kN/m^2)
岩盤		硬岩	1200
		軟岩	800
		風化岩	480
		土丹	480
砂礫	N値	10	100
		20	130
		30	180
		40	280
		50	450
砂	N値	10	80
		20	100
		30	150
		40	200
		50	300
粘性土			$0.8 \times c$

c：粘着力 (kN/m^2)

一般には，地山深部においては有効上載圧が大きくなるため，計算式による方法(**解説式(5.3)**)よりも推定値による方法(**解説表-5.4**)で設定される。また、逆に地山表層部など有効上載圧が小さい場所においては，推定値による方法よりも計算値による方法で設定される。

なお，本マニュアル作成にあたり収集した地山補強材の引抜き試験データは 240 データ程度であったが，地山の種類（土質）や強度特性（N値）が明らか

であり，極限状態まで引き抜いた試験データは49データ（砂礫20データ，砂16データ，粘性土13データ）存在した（**参考資料4**参照）。**解説表**-5.4に示す砂礫および砂の極限周面摩擦抵抗力度については収集した試験データに基づいているが，岩盤，粘性土については収集したデータ数が十分ではなかったために，前述したグラウンドアンカーの極限周面摩擦抵抗力度[5)]を80%に割引いた値を用いている。また，多くの引抜き試験は，**解説図**-7.2に示したような載荷梁方式ではないため，載荷装置の反力が地山補強材の頭部に作用し，その拘束圧によって極限周面摩擦抵抗力度が過大に評価された可能性がある。以上を考慮し，**解説表**-5.4は収集したデータの下限値レベルに相当する値を示している。今後さらにデータが蓄積され，十分なデータ数に基づいて極限周面摩擦抵抗力度が評価されることが望まれる。また，当該地山において信頼度の高い引抜き試験を実施することにより，極限周面摩擦抵抗力を精緻に評価した場合には，その値を設計に用いてよいものとする。ただし，極限周面摩擦抵抗力は地山の土質や施工品質によってばらつきが大きいため，必ず複数本の引抜き試験を実施し，統計的性質（平均値，変動係数等）を評価した上で定める必要がある。本来であれば，地山補強土の設計段階において対象地山において引抜き試験を実施し，得られた試験結果を設計に反映することが望ましいが，設計段階において引抜き試験を行うことはまれである。そのため，例えば施工の初期段階において当該地山において引抜き試験を実施し，その結果をその後の施工に反映する情報化施工を行うことが望ましい。

　また，ここでは地山補強材1本の引抜き強度に着目しているが，実際の地山補強土は地山の変形に対して二次元的（面的）に打設された地山補強材全体で抵抗していると推定される。そのため，地山補強材どうしが剛性の高い壁面工（例えば**解説図**-1.21に示すコンクリート一体壁や格子枠）に剛結されている場合には，各地山補強材の極限摩擦抵抗力がばらつきを有している場合でも，引抜き試験データの下限値レベルではなく，平均値に近い値が期待できると想定される。しかしながら，地山補強土の安定性に及ぼす壁面工の効果については未解明な部分が多いため，今後の研究に期待したい。

　また，地山補強土構造物の設計における極限周面摩擦抵抗に対する安全率，

第5章 設計

すなわち補強材の引抜けに対する安全率は，補強材を設置する地山の強度のばらつき，補強材の造成径（周面積）等の施工のばらつきに対する信頼性を考慮するためのファクターであり，対象とする構造物の重要度に応じて設定されるものである。

安全率の設定に際しては，地山補強材の引抜けに対する破壊確率を設定し，前述したばらつきを考慮した信頼性解析から理論的に求める方法が合理的である。しかしながら，現段階ではこのような検討事例の蓄積は十分とは言えないため，各設計基準においては経験的に設定された安全率を用いているのが現状である。

解説表-5.5に補強材の引抜けに対する安全率を示す。これは，各設計基準[1]～[3]で用いられている数値を参考に定めたものであり，一般にはこの値を用いるものとする。より精緻に安全率を求めるために，地山の強度のばらつきや地山補強材の施工のばらつき等を考慮した信頼性設計法による検討など，今後の研究に期待したい。

解説表-5.5 補強材の引抜けに対する安全率

荷重状態	安全率
常　時	2.0
一　時	1.5
地震時	1.25
施工時	1.25，1.5

5.9 想定する破壊モードと安定計算法

地山補強土工法により補強した地山の安定計算では，想定する破壊モードに対して，補強効果を適切に評価することが可能な計算法を用いるものとする。

【解説】

（1）地山補強土工法での破壊モードと安定計算法

それぞれの工法における破壊モードの概要を**解説表-5.6**に示す。

また，各安定計算手法の概要を**解説図**-5.15，5.16 に示す。

解説表-5.6 地山補強土工法で補強された地山
（自然地盤および既設盛土）の破壊モード

	変形・破壊モード	すべり線形状	安定計算法
地山安定化工法	格子枠，支圧版等	円弧すべり（長大斜面に対しては直線すべり）	円弧すべり法 直線すべり法
切土安定化工法	吹付け	円弧すべり	円弧すべり法
切土補強土壁工法	外的，内的破壊（円弧すべり）	円弧すべり	円弧すべり法
	内的破壊（壁面の滑動・転倒）／引抜け／芯材破断／芯材引抜け／転倒モーメント	2直線すべり（滑動モード）（転倒モード）	2直線すべり法

第5章 設 計

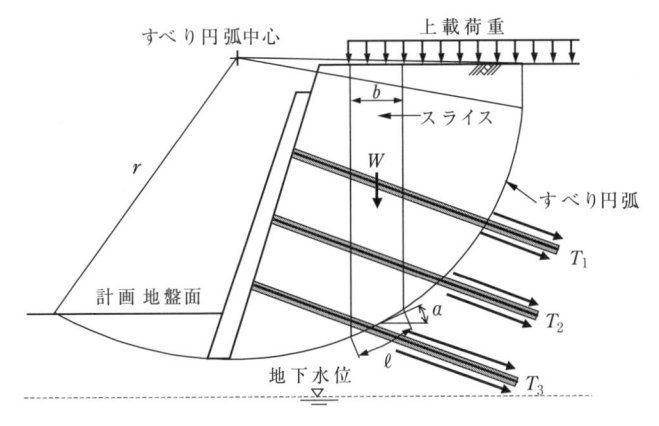

解説図-5.15 円弧すべり法の概要

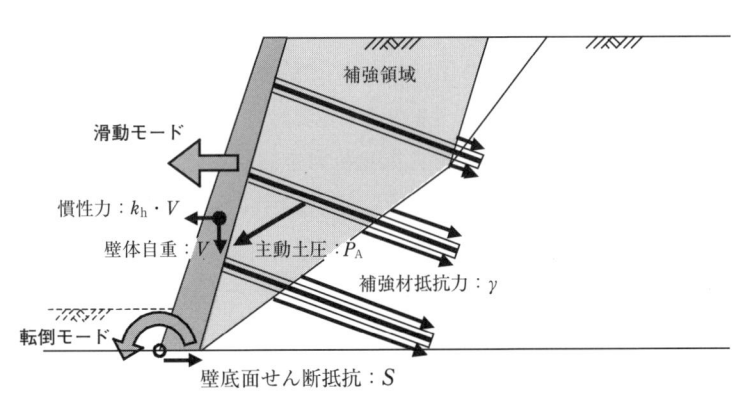

解説図-5.16 2直線すべり法による滑動・転倒安定計算法の概要

地山補強土工法の安定計算法は，補強材の仕様（径，配置位置，配置間隔，長さ，角度）を設定するために，補強領域内を通過するすべり破壊に対する内的な安定検討を実施する。また，地山全体系として主に補強領域の外側を通過するすべり破壊に対する外的な安定検討について行われ，その際の評価方法として，一般には補強材の抵抗力を考慮した極限つり合い法が用いられている。すべり面の形状により円弧すべり法，直線すべり法，2直線すべり法が一般に適用されている。

(2) 安定計算における補強効果の評価法

本マニュアルでは,設計において地山補強材の効果として,引張り補強効果だけを考慮するものとする。

ここで,地山補強材による引張り補強効果には,①締付け効果による拘束圧増加に起因する土のせん断抵抗力の増加 ΔR_c,②補強材の引留め抵抗力によるすべり力の減少 ΔR_w とがあり,一般[1)～3)]には①,②を考慮した設計が行われている。

解説式 (5.4) は,補強地山の安全率の定義の基本式である。

$$F_s = \frac{S + \Delta R_c}{Q - \Delta R_w} \qquad \cdots \text{解説式 (5.4)}$$

ここに,Q:無補強の場合にすべり面に沿う土塊の滑動力(kN/m)
S:無補強の場合の土塊のすべり抵抗力(kN/m)

補強した斜面の安全率は,すべり面上での滑動力と土のせん断抵抗力の比で表されるものであるため,土のせん断抵抗力を高める ΔR_c と,滑動力を減ず ΔR_w は**解説式 (5.4)** で評価される。しかしながら,$\Delta R_w > Q$ の場合には解がマイナスとなること,補強材を設置することによる安全率への感度が高いことなどの理由により,実務では一般に感度が鈍く安全側な評価となる**解説式 (5.5)** で評価する場合が多い。

$$F_s = \frac{S + \Delta S}{Q} \qquad \cdots \text{解説式 (5.5)}$$

ここに,ΔS:補強材による抵抗力($= \Sigma T_j$)(kN/m)

(3) 施工時安定計算法

地山補強土工法において最も危険な状態は,掘削完了後から補強材を打設し十分な補強効果が発揮されるまでの施工期間中であり,鉄道基準では円弧すべり法,道路基準では円弧すべり法または直線すべり法により施工時の検討が行なわれている。

切土安定化工法および切土補強土壁工法の施工手順は，補強材1段ごとの逆巻施工が基本となる．したがって，各掘削段階における補強材設置直前の状態が最も危険な状態となるため，設計では各掘削段階の安定性に対して所要の安全性を満足する必要がある．

　なお，施工時の安定検討に想定すべき荷重状態として，通常，地震時状態は考慮しないが，施工期間が長期にわたる場合など，必要に応じて地震の影響を考慮するのがよい．

（4）安定計算に考慮する安全率

　設計で用いる安全率は，計画する構造物の形状誤差や，土圧やすべり起動力に関与する地盤の重量のばらつきと不確実性，抵抗としての地盤強度のばらつきと不確実性や補強材の設置誤差（位置や角度），補強材長の誤差の影響を考慮するためのファクターであり，対象とする構造物の耐用期間に応じた重用度を考慮して設定されるものである．

　参考までに，各機関で提唱している安全率の例[1)～3)]を解説表-5.8に示す．

解説表-5.8　安定に対する安全率の例

荷重状態	安定に対する安全率		
	道路基準	鉄道基準	
	円弧すべり安定	円弧すべり安定	2直線すべり内的安定
常　時	1.2	1.4	2.0
一　時	－	1.4	1.5
地震時	－	1.1	1.25
施工時	1.05，1.10	1.2	－

5.10　表面材

　表面材は，所要の耐力や機能が得られるよう適切に設計するものとする．

【解説】

　表面材は，浸食防止・風化防止といった局所的な安定性や景観の観点からの役割だけでなく，補強材の補強効果を増加させて移動土塊の抜け出しによる崩

壊を抑止する効果を発揮することを目的とした構造部材である。

解説図-5.17は，表面材として支圧板を用いた場合を例に破壊パターンを模式化して示したものである。同図（a）は，支圧板が補強材から伝達される力に対して，十分な支圧力および部材耐力がある場合であり，この場合にはすべり土塊は補強材と一体となって，すべり面より背面の補強材の引抜けによって崩壊する。

一方，同図（b）は補強材から伝達される力に対して，表面工の支圧力が不足している場合であり，この場合には補強材自体はすべり面の背面地山に定着された補強材は引抜けずに，すべり土塊が前側に抜け出す破壊パターンとなり，補強材力に見合った支圧力が得られていないことになる。

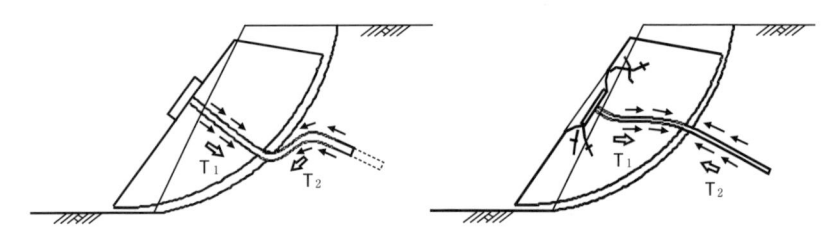

(a) 補強材の抜出しによる崩壊　　(b) 移動土塊の抜出しによる崩壊

解説図-5.17 表面工の支圧力や耐力の違いによる地山補強土工法の崩壊パターン

したがって，表面材の設計は，外力に対する表面部材の耐力，および支圧板の場合には支圧力に対しても検討を実施する必要がある。

5.11　構造細目
地山補強土工法の設計においては，構造の細部にわたって適切な配慮を行うものとする。

【解説】
　地山補強土構造物の設計においては，構造の細部についても慎重な配慮が必

要であり，構造細目として示すこととした。

　細目の詳細は「**第6章**」に示すが，本節では設計上の留意点について以下に示す。

（1）頭部処理

　設計において，地山補強材は表面材と一体となり，表面材に作用するすべり起動力や土圧を補強材に確実に伝達することを前提としている。

　このことから，補強材頭部の処理は確実に行うことが重要であり，「**6.8 頭部定着工**」に従って確実な定着を行う必要がある。

（2）スペーサー

　スペーサーは，補強材が削孔した孔の中心に位置するように，補強材に所定の間隔で設置していくもので，補強芯材の防食を確実に行うことで，設計耐用期間を保証している。また，補強芯材が補強材中心に位置することで表面材に作用した力の伝達が確実にできることを設計上の前提としていることから，「**6.7　補強材設置工**」に従いスペーサーを配置するものとする。

（3）補強材の孔口部の処理

　補強材の孔口部分において，定着材が十分に充填されていない場合には，補強芯材の腐食の原因となり，設計で期待した耐用期間を満足できないことになる。このことから，「**6.8　頭部定着工**」により，確実な頭部処理を行うものとする。

（4）排水工

　切土補強土壁工法で，コンクリート一体壁を表面材とする構造の設計では，排水工を確実に行うことを前提として，設計において壁背面での水圧は考慮していない。したがって，壁背面の地下水は「**6.9　その他の工種**」に従い，地下水の排水を確実に行うものとする。

　また，排水工を設置できない場合には，設計において水圧を適切に評価する必要がある。

（5）目　地

　切土補強土壁工法で，格子枠やコンクリート一体壁を表面材とする場合には，縦断方向にコンクリートの収縮が発生し，水平方向の軸力がコンクリート部材

に発生する。このため，一般的な擁壁と同様に目地を設けるものとする。
（6）浸食防止工
　切土補強土壁工法は，壁背面部分の地山との境界面から雨水が浸透しやすい構造であるが，浸透水による地下水位の上昇を設計に見込むことは困難である。このことから，「**6.9　その他の工種**」に従い，浸食防止工を確実に行うものとする。

（7）凍上対策
　寒冷地では，表面材の背面地山が凍上すると，補強材の抜け出しや破断，あるいは表面材にひび割れや変形などの現象を生じることがある。さらに，一端凍結した地山が融解すると地山の強度低下を伴うことがある。しかし，これらを設計に考慮することは非現実的である。そこで，「**6.9　その他の工種**」により，寒冷地における凍上対策について検討するものとする。

参考文献

1) 東日本・中日本・西日本高速道路：切土補強土工法設計・施工要領，2007.
2) 日本鉄道建設公団：補強土留め壁設計・施工の手引き，2001.
3) 鉄道総合技術研究所編：鉄道構造物等設計標準・同解説　土構造物，2007.
4) Jewell,R.A：Some Effects of Reinforcement on the Mechanical Behaviour of Soils, Ph.D.Thesis, Cambridge Univ., 1980.
5) 地盤工学会：グラウンドアンカー設計・施工基準，同解説，2005.
6) 渡辺健治，舘山勝，米澤豊司，三平伸吾：引抜き試験データに基づく地山補強材の極限周面摩擦抵抗力の評価，土木学会第65回年次学術講演会，pp.555～556, 2010.

第6章 施 工

> **6.1 一 般**
> 地山補強土工法の施工は，補強材，表面材，頭部定着材などの構成部位や，掘削や排水工などの関連工に対して，所定の性能を満足するように入念に行う。

【解説】

　地山補強土工法は，地山の変形に伴って受働的に補強材の抵抗力を発揮させて地山の変形を拘束することにより，地山を安定させる工法である。特に，地山の掘削を伴う切土安定化工法や切土補強土壁工法の場合には，施工によっては地山の変形が大きくなる場合がある。このため，地山補強土を重要度の高い構造物に適用する場合や重要構造物に近接して施工する場合には，地山の特性の適切な評価とともに，使用条件を満足する変形量が実現できているかどうかを確認する計測を，施工時に実施する必要がある。

　施工にあたっては，このような工法の特性や施工目的を勘案した施工計画書を作成し，責任技術者の管理のもとで施工計画書に基づいて行うものとする。

　地山補強土工法の工種は，**解説図-6.1** に示す補強材（芯材および定着材）の設置工，頭部定着工，表面材設置工からなる。このほか，地山補強土工法に関連する工種としては，掘削工や足場工，排水工などがある。

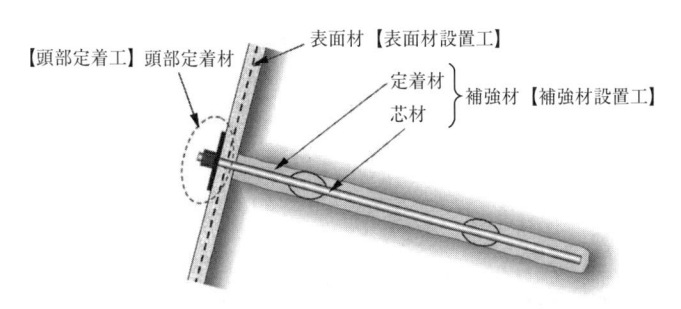

解説図-6.1　地山補強土の基本構成（【　】は部材の施工）

1) 表面材設置工

　表面材設置工では，表面材を設置する。表面材は，「地山安定化工法」においては，浸食防止や風化防止または崩壊を防止することを第一の目的で設置される。「切土安定化工法」においては，表層の土のこぼれ出しや中抜けを防ぐとともに，補強材を連結することにより背面に土圧を発揮させ地山を拘束し，補強材に引張力を発揮させる。これらに加えて，付加される曲げ剛性により，斜面の安定化を図るものである。「切土補強土壁工法」においては，地山全体の安定に寄与する構造部材としての機能を有する。

2) 補強材設置工

　補強材設置工では，地山を安定させるための主要部材である補強材を設置する。補強材は，芯材と定着材で構成される。芯材は，補強材の主たる抵抗力を発揮させる部材であり，定着材は，地山の変形にともなう作用力を周面摩擦抵抗により芯材に伝達させる媒体である。定着材は，削孔した孔に注入材を充填したり，周辺の地山と注入材とを撹拌混合することにより形成される。鋼製の芯材を使用する場合においては，防食皮膜としての役割もある。

3) 頭部定着工

　頭部定着工では，補強材と表面材を結合する。表面材の種類や補強材の種類により，様々な部材が用いられる。

4) その他の関連工

　地山補強土工法のうち，切土安定化工法や切土補強土壁工法に関連する工種としては，補強材を設置する際に行う掘削工がある。**解説図-6.2**に示すように，地山補強土工法においては，補強材1段ごとに掘削工～表面材設置工～補強材設置工を行う「逆巻き施工」が一般的に行われている。

　その他の関連工種としては，足場工や排水工がある。これらは，施工規模，施工条件等により異なる。

第6章 施 工

掘削工(1段)部段

のり面工(1段)部段

補強材設置工(1段)部

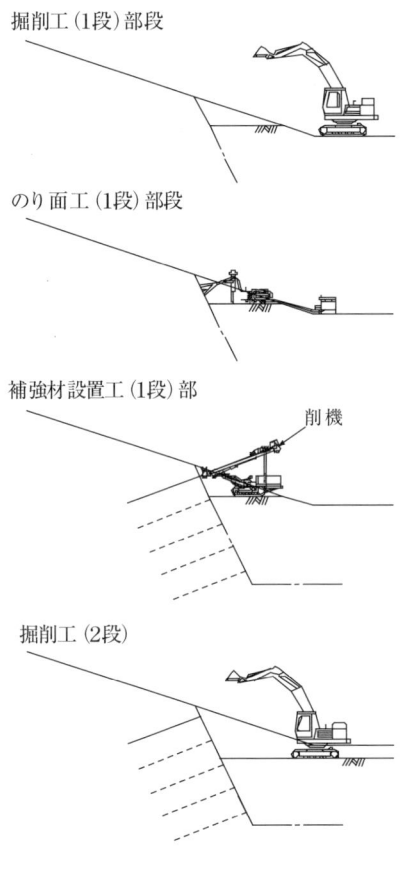

削機

掘削工(2段)

解説図-6.2 逆巻き施工の例

5) 施工管理と計測

　施工全般において，設計計画で設定された構造物の安定性，要求される工期，施工時の安全性を満足するよう，適切に施工管理を行わなければならない。
　地山補強土の施工においては，地山の不均一性に起因した挙動の変化に対応した施工が求められる。また，補強メカニズム上，多少の地山の変形を許容した工法であるため，重要度の高い構造物に適用する場合や近接して重要構造物を有する等の必要とされる場合には，使用条件を満足する変形量以内となるよ

うに設計するとともに，施工時においては設計以内の変形であることを計測（動態計測）を実施することにより確認する必要がある。

6.2 施工手順

地山補強土工法の施工は，地山の状態や工種などを考慮し，安定性，施工性を踏まえて適切な手順で行う。

【解説】

地山補強土工法の一般的な施工の流れを，解説図-6.3に示す。表面材設置工と補強材設置工の順序については表面材の種類により前後する場合があるが，格子枠のように斜面の安定に寄与するような表面材を採用する場合は，表面材を先に施工する必要がある。また，独立受圧板のように単独では全体安定に寄与しないような表面材を採用する場合には補強材設置工を先に施工する。

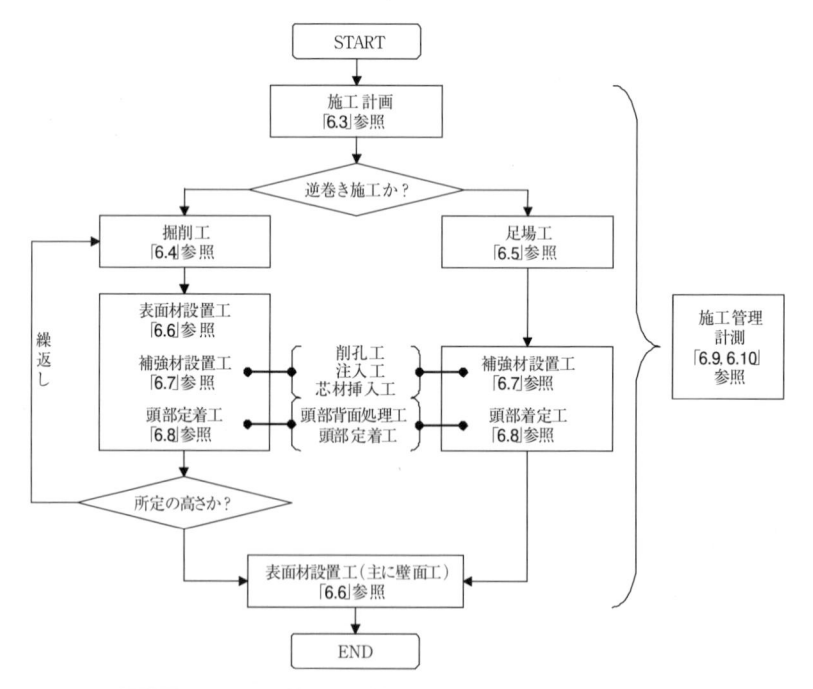

解説図-6.3 地山補強土工法における一般的な施工フロー

6.3 施工計画

地山補強土工法の施工に先立って，設計条件，事前に調査した地形・地質，現地の状況を十分に考慮し，安全で合理的かつ周辺環境に配慮した施工計画を検討する。

【解説】

地山補強土工法の施工にあたっては，事前に以下の項目について調査・検討を行い，安全で合理的かつ環境保全に配慮した施工計画を立案する。

①設計図書，当該地区の施工事例

②地盤条件，地形・地表の状況

③隣接構造物，埋設物等周辺の状況

④作業制限，環境保全規則，工事関連法規

⑤電力，用水，廃棄物・残土の処理

⑥その他

地山補強土工法では，補強材を地山に確実に定着させることが重要であり，補強材設置工が品質に大きな影響を与える。このため，地盤条件・地質条件を把握し，適切な補強材の設置方式・施工機械を選定する。特に，地下水の存在は，削孔壁の崩壊の要因となるため注意しなければならない。また，施工時には補強時設置工以外に，掘削工や表面材設置工，頭部定着工，掘削工，足場工など，多くの工種が発生し，また，これらが輻輳することもあるため，施工機械・施工方法・施工手順などを十分に検討し，現場状況に応じた施工計画を立案する必要がある。

また，施工計画を立案する際に，工事の目的，設計思想，設計条件を計画に反映させることが重要である。例えば，設計時に逆巻きで施工することを前提に計算をしている場合は，逆巻きで施工を行う施工計画としなければならない。施工制約上，順巻きで施工を行いたい場合は，設計に立ち戻り，順巻きで施工しても施工時の安全率（地山の自立性）を確保できていることを確認する必要がある。

施工計画は，施工管理，品質管理，安全管理，計測についての計画も含めて検討する。

> **6.4　掘削工**
>
> 　掘削工の施工にあたっては，現地の状況を考慮しながら掘削段階毎に安全，かつ所定の形状となるように行う。

【解説】
掘削にあたっては，以下の各項について十分に留意する必要がある。

1) 掘削形状等について

　掘削にあたっては設計図書で位置・形状・勾配を確認し，計画に従って施工する。特に勾配の狂いは，掘削面の安定性に大きく影響を与えるため十分な注意が必要である。また，掘削面に壁体コンクリートを設置する場合には，壁体コンクリートの品質精度に影響のないよう極力，平滑になるように掘削するのが望ましい。万一，転石や岩塊の抜け落ち，肌落ち等で掘削面に凹部が生じた場合には，全体的な崩壊につながる可能性もあるので，掘削土で押え盛土をしたり吹付け工で埋め戻すなど適切な措置を講ずる必要がある。

　施工区間の起・終点で地山の勾配と計画勾配が異なる場合の接点部では，すり付け区間を設けるなどの方法で勾配が不連続とならないような配慮が必要である。また，掘削平面形状において鋭角の隅角部が生じる場合は，緩くすり付けるとともに，補強材が交差しないように補強材の水平打設角度を変更するなどの工夫が必要である（**解説図-6.4**）。

第6章 施 工

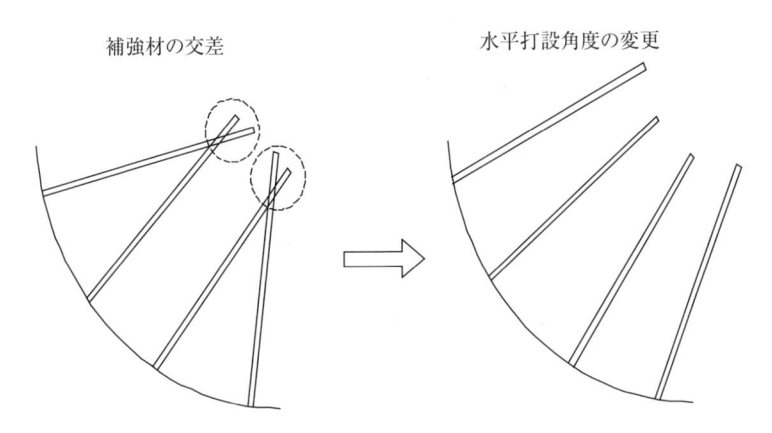

補強材の交差　　　　　　　水平打設角度の変更

解説図-6.4　隅角部配置例

2) 掘削高さ及び掘削範囲について

　地山補強土工法では，掘削を数段に分け，各段ごとに掘削・補強材打設等の一連の作業を繰返して施工する。掘削高さは，設計時に地山の自立高さや補強材位置・掘削方法等を考慮して決定されるが，掘削直後から補強材設置までの間の安定性が最も低くなる。このため掘削時においては，設計で想定した掘削高さを機械的に守るのではなく，掘削面の状況等から地質・土質を把握し，安全な掘削高さを確認して掘削することが重要である。特に，掘削時に土質や地層形状等が設計条件と異なっている場合は，設計や施工方法の変更を検討する必要がある。

　ちなみに，掘削直後の掘削面の安定性の向上のため，鉄道における地山補強土壁の施工では，早期の表面工として，各掘削段階ごとに吹付けコンクリートを設置したのちに，補強材を打設する方法を採用している。これは補強材と吹付コンクリートを一体化させることで，掘削解放時に次段の掘削開放面の破壊を防止することを目的としている。

　これに対し，掘削面は補強材打設までの期間中に最も不安定になり，地山の安定性に対して掘削高さが過大な場合だけでなく延長方向の掘削範囲が過大な場合でも掘削面は不安定になる可能性がある（**解説図-6.5**）。したがって，掘

削面の安定性を確保するために掘削高さを制限する場合でも，闇雲に掘削範囲を広げることはできない。延長方向の掘削範囲が掘削面の安定性に与える影響を正確に評価するためには三次元解析が必要になるが，解析の難易性から事前にこの影響を検討する例は少なく，実務では掘削面が安定であるための延長方向の掘削範囲の限界を具体的に示した例はほとんどみられない。掘削面の状況や，補強材設置の工程等を考慮し，掘削後早期に補強材の設置が実施できる範囲を設定して，掘削範囲が過大にならないように施工することが望ましい。

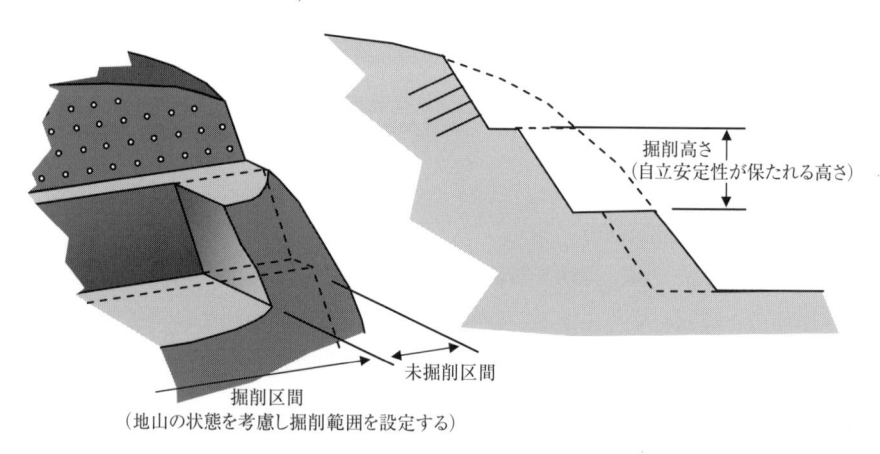

解説図-6.5 掘削高さ・範囲のイメージ

3) 掘削後の放置期間について

　急勾配で掘削した後，無補強で放置すると掘削面の安定性は徐々に低下する。したがって，掘削後は直ちに表面材設置工と補強材設置工を実施することがよい。地盤が良好な場合は，その程度に応じて放置時間を取っても良いが，一般に地山補強土を施工するような地盤は比較的軟質な場合が多く，長時間の放置は崩落などの事故につながるおそれもある。このことから1日の掘削量や一度に行う掘削延長は，地盤の状況や削孔能率，吹付けコンクリート工の能力を考慮し決める必要がある。

4) 湧水等の処理について

　地山補強土工法は，原則として地下水の問題がない箇所に適用する必要があるが，実施工において，局部的な湧水が確認された場合には，地山奥へ排水パイプを設置したり，湧水の量によっては，ディープウェル工法やウェルポイント工法などで地下水低下の処置が必要となる。さらに長期的に湧水が問題となる場合には，サイホンなどの構築，またはU型擁壁など，他の切取り構造物への変更も検討する必要がある。

5) 変状等の監視について

　掘削時において，のり面状態や吹付けコンクリート面を注意深く観察し，クラック等の変状があった場合には直ちに掘削を停止し，対応策をとる必要がある。

6.5　足場工

　足場工は，安全で円滑に地山補強の施工ができるように，削孔機重量，作業幅等を十分に考慮した計画を立て，安全となるよう施工する。

【解説】

　地山補強土工法で主に用いられる足場には，斜面に仮設する単管足場と掘削工による土足場がある。足場幅は，削孔機，斜面の傾斜，補強材長によって異なるが，最小でも削孔機幅程度は必要となる。

　単管足場の場合は，削孔機の重量等の載荷重によってその構造を決定する必要がある。一方，土足場では，切土作業面を利用したり掘削土を盛り立てて使用したりすることになるが，不陸や傾斜によって施工機械が横すべりや転倒がないように整地する必要がある。特に，掘削土ののり肩部の緩みには十分注意し，締固めや余裕幅を採る等の処置が必要となる。

　このほかに特殊な足場の例として，急傾斜または狭隘な自然斜面や長大斜面に地山補強土工法を適用する場合には，ロープ足場やクレーンやウインチによる足場を用いることがある。この場合には，作業員や機械の落下事故を防止するための安全対策を十分に講じておく必要がある。また，クレーンによる吊り

足場の場合には，クレーンの転倒事故を防止するためにクレーン本体の足場養生の検討も行い，安定が確保できない場合には地盤養生を実施しておく必要がある。

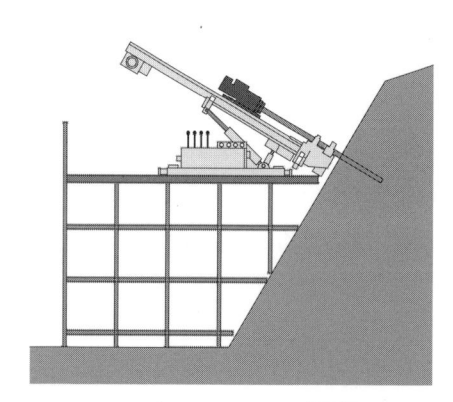

解説図-6.6　単管足場の例

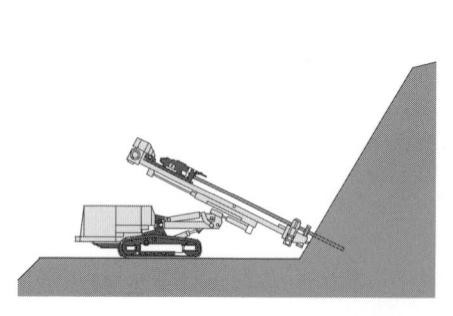

解説図-6.7　土足場の例

第6章 施 工　　　　　　　　　　　113

解説図-6.8　ロープ足場の例

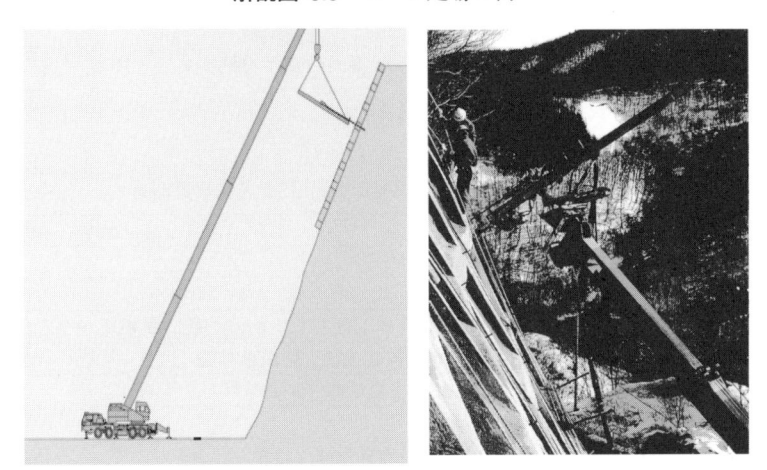

解説図-6.9　クレーンによる吊り足場の例

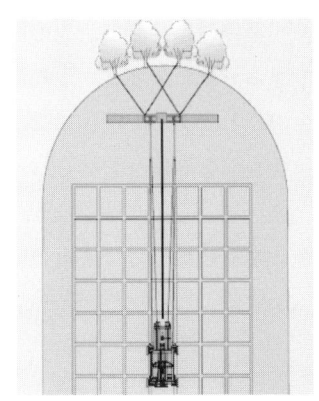

解説図-6.10　ウインチによる吊り足場の例

6.6 表面材設置工

表面材設置工の施工は，盛土・切土のり面や自然斜面の表面において，表層の浸食や風化および崩壊を防止し，補強材と一体化してより効果的な山留め機能が発揮されるよう入念に行う。

【解説】

ここで扱う表面材は，補強材との一体化（連結）による相互作用により，より効果的に補強効果を発揮するものを対象とする。補強材と一体化（連結）して使用される主な表面材を**解説表-6.1**に示す。

解説表-6.1 補強材と連結して使用される主な表面材

分類	工種	工法
壁面材	壁体コンクリート	壁体コンクリート工
	格子枠	吹付枠工，現場打ちコンクリート枠工
	吹付け	コンクリート吹付工，モルタル吹付工（鋼繊維補強も含む）
	繊維補強土	連続繊維補強土工，長繊維補強土工
支圧板	独立受圧板	プレキャスト受圧板工，現場打ち受圧板工
	簡易支圧板	頭部プレート工ほか
	その他	ワイヤーロープ掛け工ほか

（1）壁体コンクリート

壁体コンクリートとは，のり面に設置し，上記の相互作用に加えて，その曲げ剛性によってのり面全体の安定性を増すことのできる一体の無筋または鉄筋コンクリートのもたれ擁壁または張りコンクリートのことである。壁体コンクリートと補強材は，**解説図-6.11**に示すように補強材頭部を壁体コンクリート内に固定することにより一体化される。

なお，鉄道の分野においては，補強材を含めた全体系を総称して「地山補強土壁」[1]と称している。

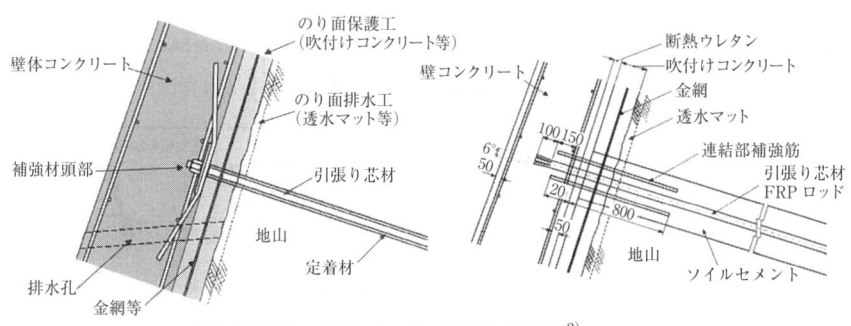

(a) 補強材・壁体コンクリート連結構造例[2)]

(b) 施工写真（補強材：鉄筋）　　(c) 施工写真（補強材：FRPロッド）

解説図-6.11 壁体コンクリートの施工

(2) 格子枠

　格子枠は，大別すると，吹付枠工と現場打ちコンクリート枠工の2種類に区分される。それぞれの格子枠工の特徴と，対象斜面の諸条件を考慮し，現場に適合した工法を選定する。格子枠工は，基本的に，斜面表面の浸食及び表層崩壊の防止といった表面保護工的な機能と，植生基盤材や斜面の被覆保護材としての石材などを安定保持するための棚工的機能とを兼ね備えている。また，支承構造物としての機能を有する格子枠工は，補強材と一体化することにより，より効果的に地山の斜面を補強することができる。

　吹付枠工は，棚工としての目的で設置されるほか，土圧に対抗できる構造部材（支承構造物）であることから，斜面の表面浸食や表層部の薄い小崩壊の防止などを目的として用いられる。特に，長大斜面や風化しやすい軟岩あるいは

節理や亀裂の多い岩からなる斜面で，整形困難な凹凸の多い場所や，早急に保護する必要がある場合に用いられる。

現場打ちコンクリート枠工は，基本的に吹付枠工と同様の機能を有するが，整形困難な凹凸の多い場所には不適であるほか，完成後の沈下等が問題となる盛土のり面には適さないとされる。

地山補強土工と併用する場合，補強材は通常，格子枠工の交点部に設置され，その頭部に設置する鋼製のプレートとナットで枠工と連結されるのが一般的で，トルクレンチ等の締め具を用い，人力でプレートと枠工が密着し緩まないようにナットを締め付けて固定する。

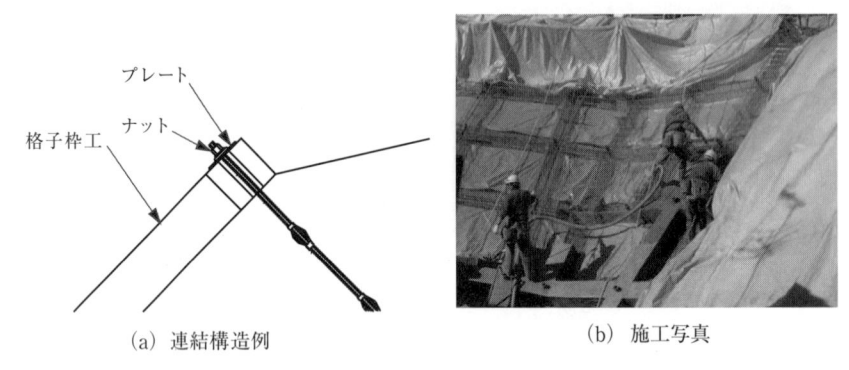

(a) 連結構造例　　　　(b) 施工写真

解説図-6.12　格子枠工の施工

(3) 吹付け

吹付けの主なものとしては，コンクリート吹付けとモルタル吹付けがある。このほか，モルタルやコンクリートにファイバー類（スチール，ポリプロピレン，ガラス繊維等）を混合し変形性能やタフネスを向上させた吹付け（繊維補強コンクリートおよびモルタル吹付け）もある。

いずれも，風化しやすい岩，風化して剥離崩落のおそれがある，微亀裂や節理が多く落石の危険性がある岩のほか，表面からの浸透水により不安定化する土砂地山などの表層崩壊の防止を目的として使用される。

吹付け厚さは，対象斜面の地質状況や凍結度合い等の気象条件等を考慮して

決定するが，モルタル吹付けの場合は，5〜10cm，コンクリート吹付けの場合は10〜15cmが一般的とされている．なお，凍結融解現象が著しい寒冷地等で吹付けを選定した場合，その吹付け厚さは15〜20cmとすることが望ましいとされている．

また，鋼繊維（スチールファイバー）を混入したコンクリート及びモルタル吹付けの標準吹付け厚さは，従来のコンクリート及びモルタル吹付け厚さの70％でよいとされている[3]．

補強材との一体化は，補強材頭部に設置する鋼製のプレート（150×150mm）を吹付けの表面で締め付け，固定する方法が一般的である．

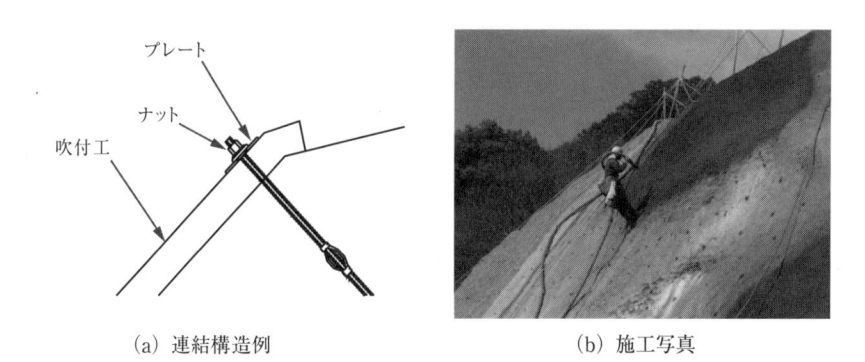

(a) 連結構造例　　　　　　　　(b) 施工写真

解説図-6.13　吹付工の施工

（4）繊維補強土

繊維補強土は，ポリエステルやポリプロピレンなどの連続長繊維と砂質土とを混合吹付けすることにより施工される．繊維を混入することで耐浸食性と粘着力が増加するとともに，変形追従性と抵抗性を兼ね備えた表面材となる．斜面上に等厚で築造され，斜面表面の浸食や表層部の薄い小崩壊を防止する目的で設置される．

繊維補強土は，それ自体の断熱効果が高いことと，変形追従性に優れる材料であることから，凍上の抑制と，凍上・融解に伴う変形量の抑制が期待でき，耐凍上性に優れた表面材であるとも言える．

また，通常，繊維補強土の表面は，適当な緑化工法で植生が行われるが，砂質土を主体とする材料であるため植生が容易で，品質の高い全面緑化が可能である．

　補強材と繊維補強土の連結は**解説図**-**6.14**に示すように，補強材頭部にプレートを設置し繊維補強土の表面で締め付け固定する方法や，補強材頭部に専用の治具（特殊形状の鋼材等）を設置し補強土内に埋め込む方法があり，これによって一体化が図られる．なお，補強材との相互作用は吹付けなどと比べると多少低下する．

第6章 施 工

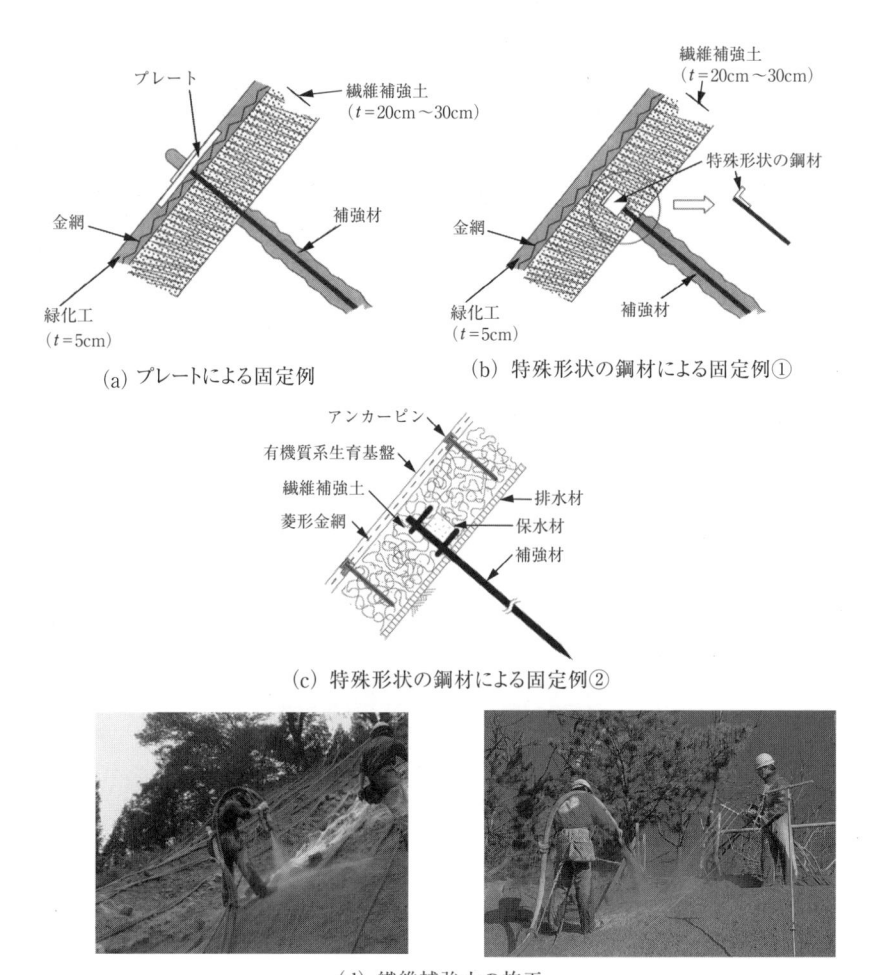

(a) プレートによる固定例

(b) 特殊形状の鋼材による固定例①

(c) 特殊形状の鋼材による固定例②

(d) 繊維補強土の施工

解説図-6.14 補強材・繊維補強土連結構造例

(5) 独立受圧板

独立受圧板は，補強材の頭部に連結・固定する形で設置され，補強材に作用する軸力を地盤に分散伝達させる目的で使用されるブロック状の構造物である。

独立受圧板は，補強材の施工完了後に設置され，施工に際しては，設置場所をできるだけ平滑に処理しておく必要がある。不陸が多く，受圧板の接地面が均等にならない場合は，不陸調整材の使用やモルタル吹付けなどによる表面処理などを検討する。

補強材との連結は，受圧板の所定の位置に補強材頭部を通し，補強材頭部でプレートとナットを締め付けることによってなされる。

独立受圧板の設置例を**解説図-6.15**に示す。また，独立受圧板の主な種類については，**解説図-6.16**に示したとおりである。

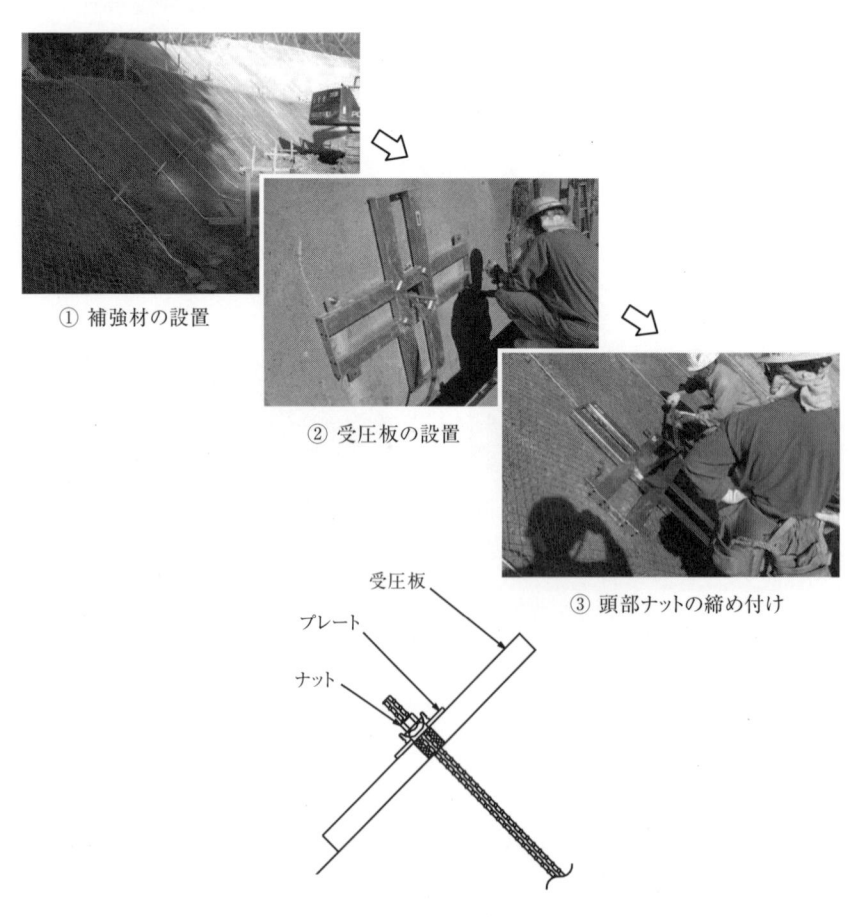

① 補強材の設置
② 受圧板の設置
③ 頭部ナットの締め付け

受圧板
プレート
ナット

解説図-6.15 独立受圧板設置例

第6章　施　工

(a) 鋼製受圧板（例-1）

(b) 鋼製受圧板（例-2）

(c) FRP製格子状受圧板

(d) ガラス繊維強化
　　プラスティック受圧板

(e) セミプレキャスト
　　コンクリト受圧板

(f) 現場打ち受圧板

(g) プレキャストコンクリート受圧板（全面被覆タイプ）

解説図-6.16　独立受圧板の例

（6）簡易支圧板

簡易支圧板は，表層の抜け出しによる崩落の心配がない箇所に用いられる。一般的に独立受圧板より規模が小さい矩形状のプレートであり，頭部プレートとも呼ばれる。**解説図**-6.17に示すように，簡易支圧板はそれ単独で斜面上に直接設置される場合が多く，補強材の頭部とはナットを用いて連結される。簡易支圧板は，補強材と地山とが構造的に一体となるように設置されるもので，150mm × 150mmの鋼製プレートが使用されている場合が多い。

施工は，補強材の設置後，簡易支圧板を補強材頭部に設置し，地山と簡易支圧板（プレート）が密着するようにナットを十分締め付けてなされる。斜面と補強材の打設方向が垂直になっていない場合はナットが片浮き状態になることを避けるため，均しモルタルやテーパー付きプレート，球面台座等を使用するなどして対処する。

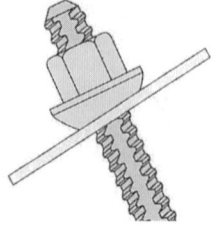

解説図-6.17　簡易支圧板の使用例　　**解説図**-6.18　球面台座付きナットの例

（7）その他（ワイヤロープ掛け工）

その他に分類される表面材として，支圧板とワイヤロープやネット等の引張り材を組み合わせて使用するワイヤロープ掛工がある。

第6章 施　工

　ワイヤロープ掛工は，斜面上に設置した補強材の頭部を，専用の小型プレート（支圧板）で固定し，各プレート間をワイヤロープや特殊なネットで連結固定するもので，主に，自然斜面の表層崩壊と落石及び表層の剥離崩壊を抑止することを目的としている。補強土工と頭部プレートの相互作用による補強効果に加え，連結するワイヤロープ等により表層土塊を押さえつけて安定化を図る。

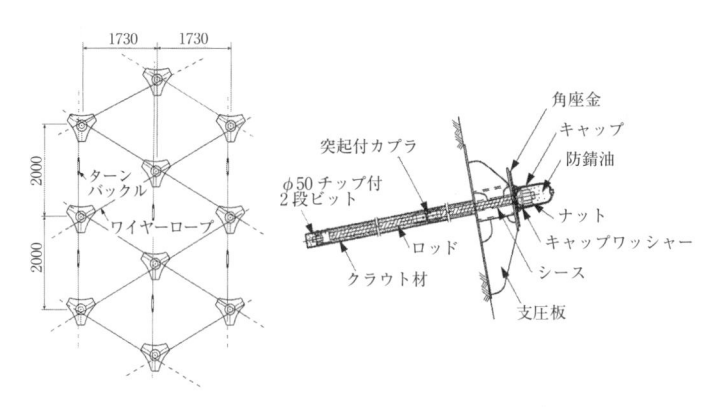

解説図-6.19　ワイヤロープ掛け工構造例 [4]

解説図-6.20　ワイヤロープ掛工施工例

6.7 補強材設置工

補強材設置工は，主に削孔工，注入工，芯材挿入工で構成され，所定の補強効果を満足するよう入念に施工する。

【解説】

(1) 施工方式

地山補強土工法は，地山の変形に伴って発生する補強材力によって地山を安定させる工法である。このため，補強効果を十分に発揮させるためには，設計で定められた仕様に基づき，設計図面に従って補強材を設置する必要がある。特に，補強材の品質を関係する諸元（削孔径，補強材長，地山との付着力）については，補強効果への影響が大きいため，入念な施工が可能となる工法および施工機械を選定する必要がある。ただし，グラウンドアンカーと異なり，地山補強土工法は地山全体に対して多数の補強材を配置することに特徴があるため，1本の補強材における打設位置，打設間隔，打設角度などに対する精度は極端に高くする必要はない。例えば，予定位置では礫等の障害で施工が困難となるのであれば，少し角度や位置をずらして施工を行うなど対応は十分に可能である。

補強材設置工は，一般的に削孔工，注入工，芯材挿入工で構成され，工法や対象地盤，施工条件等により施工手順が異なる。

補強材設置工には，主に以下の方式がある。**解説図-6.21** に各方式の概要を示す。

①先行削孔方式
②自穿孔方式
③削孔同時注入方式
④機械撹拌方式

①先行削孔方式は，ネイリング工法やマイクロパイリング工法で最も一般的に行われている方式で，削孔機により削孔した後，孔内に注入材を注入し芯材を挿入するものである。削孔方法としては，オーガー削孔型，ロッド削孔型，ケー

シング削孔型がある。

　②自穿孔方式は，大型機械や十分な足場の設置が困難な場合，湧水がある場合，亀裂や孔荒れ等で孔壁の自立が困難な地山や山砂等へのネイリング工法に適用される方式で，自穿孔ボルトを用いて削孔し，この自穿孔ボルトを地中に残置して芯材とする方式である。

　③削孔同時注入方式は，主として孔壁の自立が困難な場合でのネイリング工法で行われている方式で，専用ロッドを用いて，注入材を注入または噴射しながら削孔するものである。

　④機械撹拌方式は，ダウアリングで行われている方式で，機械撹拌混合機により定着体を造成し，芯材を挿入するものである。

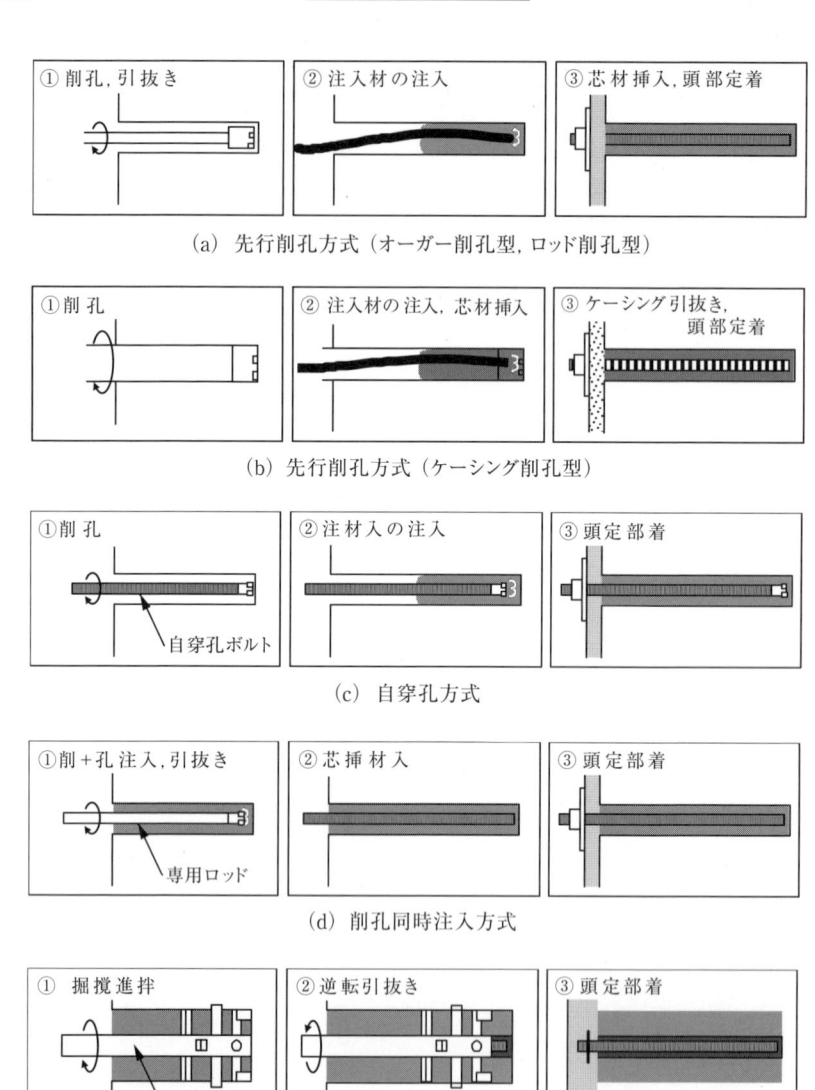

(a) 先行削孔方式（オーガー削孔型，ロッド削孔型）

(b) 先行削孔方式（ケーシング削孔型）

(c) 自穿孔方式

(d) 削孔同時注入方式

(e) 機械撹拌方式

解説図-6.21 各補強材設置方式の概要

1) 各方式に共通する留意事項

削孔にあたっては，所定の打設角度，打設位置，打設間隔になるように削孔機を設置する。また，所定の削孔径，補強材長になるように施工を行う。削孔によって発生したスライムが孔内に残留した場合，芯材の挿入に支障を与えたり，地山と補強材の定着力が著しく低下するといった不具合が発生する場合がある。このため，削孔後は完全にスライムを排出する必要がある。

注入材の注入は，注入ホースを孔先端部付近まで挿入し，注入材が孔先端部から孔口部に向かって孔内に残存する水と置き換わるように行う。注入材が孔内水で希釈されている場合には，希釈されていない注入材が流出するまで注入を続ける。注入材の充填は，削孔完了後確実にスライムを除去したことを確認したうえで速やかに行う。定着材の確実な充填を確認するため，口元での注入材のリターン確認や比重確認を確実に行う。

芯材は，定着および防食を確実にするため，スペーサを取り付けて挿入する。

スペーサーは，補強材が削孔した孔の中心に位置するように，補強材に所定の間隔で設置しておく。道路基準では，**解説図-6.22**に示すように，最大ピッチ2.5mで最低2箇所以上に設けることを標準とし[5]，鉄道基準では，小径および中径棒状補強材の場合，孔口部付近と補強材中央付近より奥側（地山深部側）の2箇所以上，2m間隔程度を標準としている[2]。

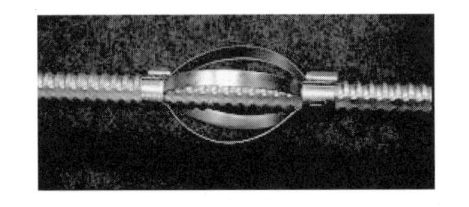

解説図-6.22 スペーサーの例

なお，大径棒状補強体では，ソイルセメントが定着材となり，施工過程として攪拌と引張り芯材配置が同時施工となるためスペーサーを必要としない。芯材の挿入は，所定の位置に正確に行う。注入材が硬化する前に芯材を動かし，付着強度を低下させるといったことのないよう注意が必要である。

2) 先行削孔方式

　先行削孔方式で用いられる削孔機には，レッグハンマドリル，オーガードリル，クローラドリルなどのドリルタイプ（削岩機タイプ）のものと，ロータリー式またはロータリーパーカッション式のボーリングタイプのものがある。

　ロッド削孔型やオーガー削孔型の場合の標準的な施工は，削孔後にロッドやオーガーを引抜き，注入材を注入した後，芯材を挿入するという手順で行われ，ドリルタイプ（削岩機タイプ）の施工機械を使用するのが一般的である。これらのロッド削孔型先行削孔方式やオーガー削孔型先行削孔方式は，主に削孔径が小径であるネイリング工法で行われている削孔方式である。

　ケーシング削孔型の場合の標準的な施工は，削孔後に注入材を注入し，芯材挿入を行った後，ケーシングの引抜きという手順で行われ，ボーリングマシンタイプの施工機械を使用する。孔壁が自立しないような地盤条件においては，ケーシングで孔壁を保持することのできる二重管式のケーシング削孔が有効である。このケーシング削孔型先行削孔方式は，マイクロパイリング工法やネイリング工法で行われている削孔方式である。

　これらの削孔方式や施工機械は，施工条件を考慮して，適切なものを選定する必要がある。

3) 自穿孔方式

　自穿孔方式は，中空の自穿孔ボルトを用いることにより，削孔と芯材挿入を同時に行うもので，一部のネイリング工法で適用されている。自穿孔ボルトの打設には，レッグハンマドリルやクローラドリルが用いられている。施工手順が簡素化される利点があるが，削孔時のスライム排出が不十分となりやすいため，引抜き抵抗力の低下を招くおそれがある。また，注入材の充填が不十分であった場合，引抜き耐力や長期的な防食に問題が生じる場合がある。このため，地盤条件や削孔時のスライム排出や注入材のリターンに留意するとともに，適切な機材を選定する必要がある。また，芯材の防食対策に対してもほかに比べて一段と高い配慮が必要となる。

4) 削孔同時注入方式

削孔同時注入方式は，専用のロッドまたは自穿孔ボルトを用い，注入材を注入しながら削孔するもので，孔壁自立性が悪い地盤で有効である。また，削孔径の外周に地山と注入材が混合した領域が形成されるため，大きな引抜き抵抗力が期待できるものである。

削孔同時注入方式には，通常の注入材を注入しながら削孔するもの，注入材を高圧で噴射しながら削孔するもの，注入材とエアを霧状に噴射して削孔するものなどがある。工法によっては，特殊なロッドや機構が必要となるため，専用の施工機が用いられる場合が多い。

削孔同時注入方式による施工では，標準的な管理項目以外に，エア量，注入圧力，注入材の吐出量などの管理項目が必要となる。

5) 機械撹拌方式

機械撹拌方式の施工は，削孔した孔に注入材を充填するものではなく，撹拌装置（撹拌ヘッド）により地山と注入材を撹拌混合することによって定着体を構築するものである。このため，機械撹拌方式では専用の施工機械が用いられる。機械撹拌方式で用いられる施工機械には，アンカー型，アーム型，斜面走行型の3種類がある。これらの施工機械は，施工条件，地盤条件，環境条件などを考慮して，選定する必要がある。

機械撹拌方式では，地山との撹拌混合の良否が品質に大きく影響する。このため，他の方式における標準的な管理項目以外に，撹拌装置の掘進・引抜き速度，回転数，注入材の注入量，トルク（電流値）などの管理項目が必要となる。

(2) 定着材充填方式から見た分類

地山補強土工法において補強材は，セメントミルクなどを用いて引張り芯材を地山に定着させる全面定着型を基本としており，安定解析などの設計方法も全面定着型を前提としている。**解説表-6.2**に，ネイリング工法およびマイクロパイリング工法における全面定着型の補強材のうち，設置方式，定着方式，定着材による分類を示す。なお，ダウアリング工法の場合は，ソイルセメントが定着材となる。

解説表-6.2　全面定着型補強材の分類

芯材，設置方式		定着方式	定着材
棒鋼型		充填式	モルタル セメントミルク
		注入式	セメントミルク 樹脂
中空棒鋼型	鋼管型	注入式	セメントミルク 樹脂
	自穿孔型[*1]		
ケーシング型		充填式	セメントミルク

*1 自穿孔型を使用する場合は，スライムの排出や定着材の充填を確認する必要がある

ネイリングやマイクロパイリング工法で用いられる芯材ならびに設置方式について，以下に示す。

(3) 棒鋼型における定着方法
1) 充填式

ネイリング工法において一般的に使われている方式で，地山が比較的良好で孔壁が自立し，湧水がない場合に用いられる。削孔内にモルタル系の定着材を充填しておいて，後から芯材を挿入することで，孔壁内に残った空隙を追出しながら定着させる方式である（**解説図-6.23**）。

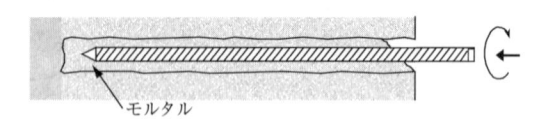

解説図-6.23　充填式（挿入型）

マイクロパイリング工法においては，削孔径を確保するためにケーシング削孔を行うことが多い。この場合には，後述のケーシング型（挿入型）で充填式の定着方式が用いられる。

2) 注入式

芯材を削孔内に入れた後，定着材を注入する方式である（**解説図-6.24**）。

削孔後，芯材を挿入し定着材を注入する。孔の口元をシールしてチューブによって注入する。チューブを二本入れて一本を注入用，他の一本を注入確認用

として用いられることが多い。使用する芯材は異形棒鋼，全ねじ棒鋼等で対応可能である。

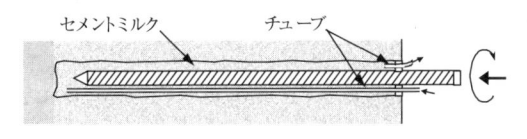

解説図-6.24 注入式（挿入型）

（4）中空棒鋼型における定着方法
1) 注入式
　芯材を削孔内に入れた後，定着材を注入する方式である。大型機械や十分な足場の設置が困難な場合および孔壁の自立が難しい場合には，鋼管型および自穿孔型の設置方式がある。
① 鋼管型
　一度ロッドで削孔した後に鋼管を打込んで注入する方式である（**解説図-6.25**）。孔の口元をシールし中空孔から注入することで，孔壁の自立が困難な場合でも比較的充填されるという利点を持っている。定着材としては，セメントミルク系および樹脂系のものが使用されている。仮設構造物用として使用されることが多い。

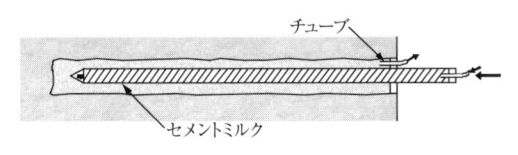

解説図-6.25 注入式（鋼管型）

② 自穿孔型
　大型機械や十分な足場の設置が困難な場合，湧水がある場合，亀裂や孔荒れ等で孔壁の自立が困難な地山や土砂地山等に適用されることが多い。中空棒鋼の先端にビットを取付ける場合がほとんどである。地山を穿孔した後，中空棒鋼をそのまま残した状態で注入するもので，中空の棒鋼を用いてその孔から注

入する方法が一般的である。高圧噴射で定着材を地山に送り込み，積極的に地山を改良していくものもある。定着材としては，セメントミルク系および樹脂系のものが使用されている。また，棒鋼の材質も使用目的に合わせて種々のものがある。

　孔壁の自立が困難な場合は，スライムの排出や定着材の充填を確実に行う必要がある。自穿孔型専用スイベル等を使用することにより，スライムの排出や注入材の充填性を向上させることも可能である。

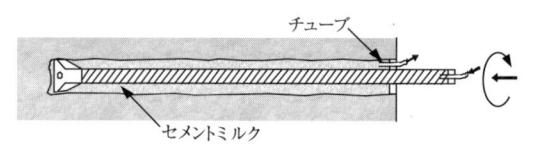

解説図-6.26　注入式（自穿孔型）

2) ケーシング型

　孔壁の自立を確保するためにケーシング削孔を行った後，定着材（注入材）をケーシング内に充填し，芯材を設置してケーシングを引き抜き，孔口から補足注入を行うものである。一般には**解説図-6.27**に示すように，外管のケーシングを残して，内管のインナーロッドを引き抜き，定着材（注入材）をケーシング内に充填した後に芯材を挿入し，ケーシングを引き抜く方式（挿入型）により施工される。

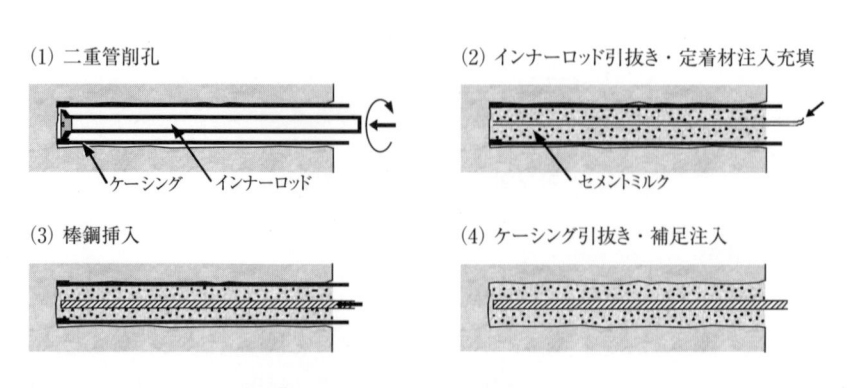

(1) 二重管削孔
(2) インナーロッド引抜き・定着材注入充填
(3) 棒鋼挿入
(4) ケーシング引抜き・補足注入

解説図-6.27　充填式（挿入型）

6.8 頭部定着工

頭部定着工は，補強材と一体化することにより補強効果が十分に高まるように，入念に施工を行う。

【解説】
（1）頭部背面（口元）処理工

地山補強土工法で用いられる注入材は流動性があるため，補強材頭部背面には空洞が生じる場合がある。この空洞を放置すると，補強材頭部周囲の崩壊を誘発したり，補強材の錆による劣化の原因になる。したがって，注入が完了した後，できるだけ早くに頭部背面の空洞を充填する必要がある。一般的には，解説図-6.28 に示すように削孔方式の場合は硬練りモルタルによる充填が，機械撹拌方式の場合はソイルセメントによる充填が行われている。

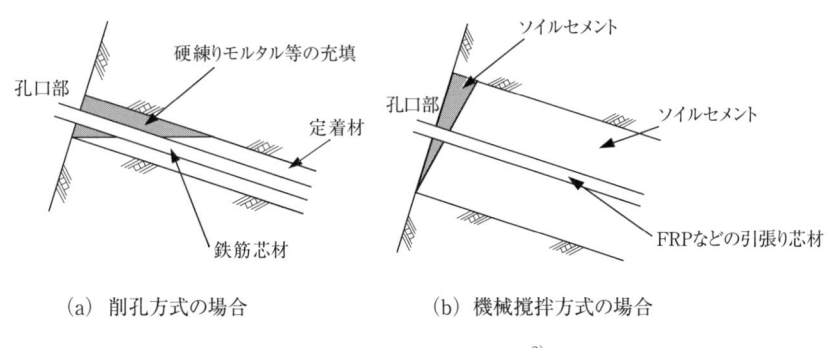

(a) 削孔方式の場合　　　(b) 機械撹拌方式の場合

解説図-6.28 補強材の孔口部の処理[2]

（2）頭部定着工

頭部定着工は，補強材と表面材との一体化を図るもので，補強材や表面材の種類により使用する定着材や芯材頭部との定着方法が異なる。このため，適切な部材を選定する必要がある。一般的には，**解説図-6.29**に示すように，頭部プレートとナットを用いて表面材を結合する構造とする場合が多い。FRP芯材を使用する場合は，くさびおよび補強筋により表面材との一体化を図る方法が用いられている。

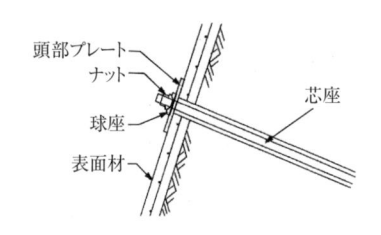

解説図-6.29 頭部定着の基本構造

地山補強土工法は地山の変形に伴って補強材に引張り力が発生し，効果が発揮される。したがって，格子枠を代表とする現場で造成されるコンクリート製の表面材に頭部を埋め込む仕様の場合は，比較的強固に芯材と表面材は一体化される。一方頭部プレートとナットを用いる場合で，ナットが緩いなど頭部と表面材にあそびが存在する場合は，地山の変形後即座に効果が発揮されないことになる。よって，ナットを緩みがないよう締め付けるなど，補強材と表面材を確実に一体化させることが重要である。補強材と表面材をプレート，ナットでしっかりと固定することで，地山の水平土圧を支持し，周囲の小崩壊を抑制する効果が期待されるため，入念な施工が望まれる。

補強材の打設方向が表面材の表面に対して垂直になっていない場合や，ナットが片浮き状態の場合には，補強材の頭部に曲げ引張り力やせん断力が働く。このような場合には，**解説図-6.30**に示すように表面材と頭部プレートの間に均しモルタルを敷いたり，前出の**解説図-6.18**に示すような球面台座付ナットやテーパー付プレートを用いるなどの角度調整処理を行う。

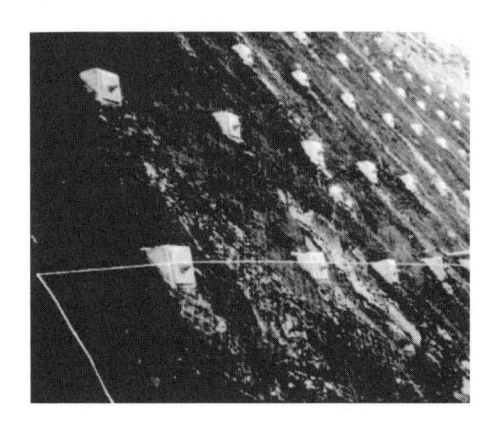

解説図-6.30　均しモルタルによる角度調整の例

> 6.9　その他の工種
> 　地山補強土工法を含めた斜面全体としての安定を確保するために、十分な排水対策を行うものとする。また必要に応じて凍上対策等を行うものとする。

（1）排水工対策

　斜面崩壊の原因の多くは、直接的または間接的に水が関与している。このため、降雨などの地山内への浸透や、地下水が地盤中に貯留して斜面の崩壊を引き起こすことを防止する目的として排水工を設ける。また、地盤中に過剰な間隙水圧が生じるおそれのある場合は、別途に水抜き工を施工する必要がある。設計では、これらの排水工は恒久的に機能するものと見なし、表面工の背面や補強領域内では、水圧または過剰な間隙水圧が発生しないものとして扱うため、長期にわたり所定の排水機能が得られるよう耐久性の高いものを多密に配置すると良い。特に切土補強土壁では壁面材背面の排水が重要となるため、鉄道基準では、補強土留め壁および補強土式土留め工には、背面水位の上昇の防止、局所的な水圧上昇の防止のため、解説図-6.31に示すように排水孔として孔径（$\phi=6 \sim 10$cm）と密度（$2 \sim 4$m^{2}に1箇所程度）で標準配置するものとして

いる。ただし，補強土留め壁の場合，地山奥からの局所的な湧水がある場合には，長期耐腐食性に優れた材質を有した長尺の排水パイプなどを地山に設置して，水位低下と水圧防止処置を行うものとする。

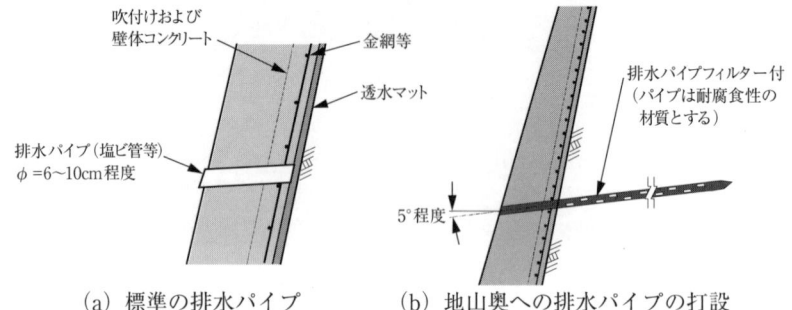

(a) 標準の排水パイプ　　(b) 地山奥への排水パイプの打設

解説図 - 6.31　排水工の例[2]

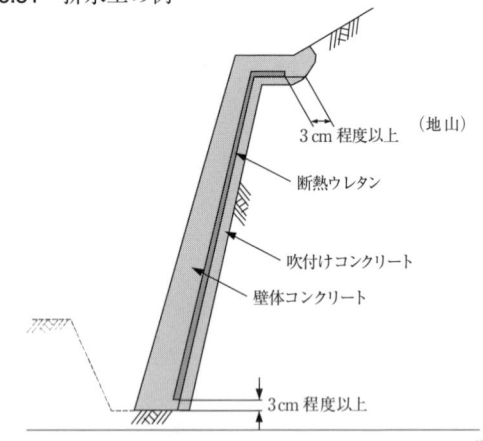

(2) 凍上対策

寒冷地では，表面工の背面地山が凍上すると，補強材の抜け出しや破断，あるいは表面工にクラックや変形などの現象を生じることがある。

解説図 - 6.32　ウレタン層の浸食防止の例[2]

さらに，一端凍結した地山が融解すると地山の強度低下を伴うことがあり，寒冷地においては凍上対策について検討しておく必要がある場合もある。

例えば，鉄道基準では，壁体コンクリートを設ける場合の凍上対策として，硬質ウレタンフォームを断熱材として使用するものとしている。

なお，ウレタン層を設ける場合は，ウレタンの加水分解に対する配慮から，水の浸入を防止するために，解説図 - 6.32 に示すように，コンクリート等により端部を十分に侵食防止（3cm 程度以上の被覆）するとよい。

> 6.10 施工管理
>   地山補強土工法の施工にあたっては，所定の品質や安全を確保するために，入念な施工管理を行う。

【解説】
　施工時に品質を確保することにより構造物は供用時にその効力を発揮することになるため，施工管理は大変重要である。品質の確保されていない場合には，施工中や施工後に不安定化し，最悪の場合は変状や崩壊に至ることになる。
　また，施工時において想定外の地質や現地条件であった場合には，設計通りの仕様では安全や品質を確保できない場合もあるため，再度現地条件に合わせて再設計を行い，目的にあった構造物を築造することが求められる。それらの対応においても施工管理は重要となる。
　施工管理では主として，品質管理，工程管理および安全管理を行うことになるが，それらの詳細を以下に示す。
（1）品質管理
　品質管理には，地山補強土工法や表面工で使用する材料の品質管理と，地山補強土工法および表面工の品質管理，施工精度の管理などが含まれる。
　品質管理は，所定の品質を有する構造物を得るために，日常管理，定期管理により，使用材料の規格検査，保管を行い，適切な施工を通じて品質を確保するものである。使用する材料，配合が適正なものであり，施工が確実に行われ，かつその結果が初期の目的を達成するよう努める必要がある。具体的には，材料検査，材料保管，表面工，地山補強材工，壁体コンクリート工などについて，十分な管理を行う。
1）材料検査
　使用する材料は，所要の品質を有するものであることを確認する。
使用する材料については，一般に規格証明書（ミルシート）により，使用する材料が規格に合格していることを確認する。各種材料において，必要なものについては納入時に寸法の検査も行う。

セメント，骨材，コンクリート，固化材の検査は，納入時に行うものとし，製造者が行った検査・試験報告書を確認するとともに，目視等によって，泥，ごみなどの混入物や粒度などの異常のないことを確認する。レディミクストコンクリートについては，スランプ，空気量，圧縮強度等一般的に必要な品質検査を行う。急結剤については，納入時に土木学会規準「吹付けコンクリート（モルタル）用急結剤品質規格（案）」に適合していることを確認する。
その他，型枠等の仮設材料についても，納入時に品質，寸法等について確認する。

2) 材料保管

材料を保管する場合，品質の低下をきたすことがないよう配慮する。納入した材料を保管する場合は，セメント，鋼材，芯材および透水マット等は保管小屋の中に保管するか，または地盤と接しないように角材等を敷き，雨露にあたらないようにシートで覆うなど，湿気や水に対する配慮が必要である。骨材については，排水のよい場所に表面水率が変わらないようにシート等で覆うなどの配慮が必要となる。

3) 定着材の配合試験

施工性と所定の物性を確保し，所要の目的に合うように流動性，膨張性，強度について確認する。定着材の性質の仕様は，定着方式や補強芯材の種類によって異なるので，それぞれの要求性能を満たすことが重要である。定着材は，地山と芯材と相互に力を伝達する役割を担うため，所定の強度が得られていないと地山と定着材の摩擦や定着材と芯材の付着が得られなくなる。

定着材をセメントミルクまたはモルタルとする場合は，試験は JSCE-F521-1999「プレパックドコンクリートの注入モルタルの流動性試験方法（P漏斗による方法）」に準拠して行う。例えば鉄道基準ではフロー値が10～20秒，道路基準では9～22秒と規定されている。なお，一般的な試験頻度は，施工開始前に1回または施工条件変更がある場合ごとに1回程度実施する。

圧縮強度試験による定着材の強度管理は，所定の材齢で基準値以上となっているかを確認する。一般的な圧縮強度試験の基準値は，材齢3日で$10N/mm^2$以上，材齢28日で$24N/mm^2$以上である。試験は JSCE-G505-1999「円柱供試体を用いたモルタルまたはセメントペーストの圧縮強度試験方法」に準拠し

て行う。施工サイクルや地山状況等から，速硬性を期待する場合には，材齢1日の試験も追加するのがよい。一般には，水セメント比（w/c）は 40 ～ 50%，練り混ぜ水温度は 25℃ 以下，比重は設計配合の比重に対し ± 2%，ブリーディング率は 3% 以下，塩化物イオン量は施工前に 1 回 0.30kg/m³ 以下，膨張性については必要に応じて確認する。

4) 適合性試験

補強材の引き抜き抵抗力が設計を満足していることを確認する適合性試験については，「**7.2 適合性試験**」によるものとする。

5) 日常管理試験

定着材の日常試験を行い，所要の目的に合った流動性，膨張性，強度を有していることについて確認する。定着材の日常試験は，配合試験で規定した基準値および管理値となることを確認する。なお，頻度は，各項目によって異なる。

地山補強土工法で一般的に使用するセメントミルクの場合，現地プラントで試料の採取を行う。試験項目については 3) 定着材の配合試験を参照する。ダウアリングの場合，主構成材はソイルセメントであり，土とセメント系固化材を攪拌混合して造成されるため，地盤の土質性状およびセメント系固化材の添加量等がソイルセメントの品質に大きく影響する。セメントミルクの配合は比重計，セメントミルクの注入量は流量計，深度は深度計，昇降速度は速度計，攪拌軸の傾斜は角度計により確認する。実際に施工されたダウアリング工法のソイルセメントの強度確認は，原則として「土の一軸圧縮試験」（JIS A 1216）によるものとし，判定については材齢 28 日の一軸圧縮強さの平均値 $\bar{\sigma}$ がいずれも $0.80\,\sigma_k$（σ_k：設計基準強度）を 1/20 以上の確率で下回らないこと，および $\bar{\sigma}$ が σ_k を 1/4 以上の確率で下回らないことを確認する。また，大径棒状補強体のソイルセメントは，地盤改良と同等と見なされるため六価クロムの溶出試験を別途行う必要がある。

6) 出来形管理

地山補強土工法の出来形管理については，使用目的によって要求される精度が異なるため，各指針・基準で示された基準値及び管理値を基に行うことになる。所定の基準値および管理値となることを確認する。

7) 表面材設置工の品質管理

　表面材設置工は，日常管理，定期管理等において，所要の検査，試験を行い，吹付け厚さ等を確認するとともに，ひびわれ，漏水，変状等について観察する。

（2）工程管理

　日工程および1サイクルの工程管理と，全体工期についての工程管理がある。

　地山補強土工法の工事は，表面材設置工，補強材設置工，頭部定着工などの工種がある。また付随する工種として掘削工，足場工，排水工などもあり，多岐にわたる工種が存在するため，各工種の作業能率，使用機械，構成人員および天候等を考慮して，工程を管理する必要がある。

（3）安全管理

　安全管理の目的は，その工事に携わる作業員や第三者への安全を確保し，周囲の環境や近接施工となる既設構造物に対する保全を図り，安全確実に工事を進めることである。したがって，関連法規を遵守するよう入念な管理を行わなくてはならない。

　地山補強土工法の工事は，掘削工事など他工種との同時作業が多い。したがって，それぞれに従事する作業員が作業内容を十分理解して慎重に行動するとともに，関係者全員が常に安全意識を持ち，作業環境を良好に保つ必要がある。また，「6.12　計　測」に基づき，常に安全性を確認しながら施工できるような安全管理体制を確立しておく必要がある。

6.11　施工中の観察・点検

　施工中の安全確保や，地質状況の設計時との相違を確認する目的で，施工中の法面の観察，点検を実施するものとする。

【解説】

（1）調査項目

　地山補強土工法は，地質の変化に影響を受けやすく，状況によっては適切な設計変更の必要な場合もある。したがって，掘削段階ごとに地質状況が，設計

時に想定したものと相違がないかを常に把握しておくことが重要となり，大きな相違がある場合には，設計の見直し等を検討することになる。なお，地質状況の観察調査は，以下の項目について調査し，のり面地質図や地質断面図等として整理する。

　　イ）地質の分布，地層の走向・傾斜
　　ロ）固結度・風化・変質の程度，硬軟の程度
　　ハ）割れ目の方向・間隔・状態・挟在物の有無と性状
　　ニ）断層の位置と走向・傾斜・破砕の程度
　　ホ）湧水の位置と量，濁りの有無
　　ヘ）掘削面の自立性等

　特にホ）については，降雨の後，掘削のり面の下部に浸透水がみられる場合，間隙水圧が上昇し，斜面の安定性が著しく低下することがある。また，雨が降っても濁ったことのない湧水が，急に濁ったり，湧水量が急に変わった場合には崩壊の前兆として注意する。その他の観察調査の着目箇所としては補強材，吹付けコンクリートがあるが，以下の項目について調査するのがよい。

　　イ）補強材の打設位置，方向
　　ロ）芯材，プレート・ナット，クサビのゆるみ
　　ハ）プレートの変形，くい込み
　　ニ）定着材の充填状態
　　ホ）吹付けコンクリートのひびわれ（発生時期，位置，種類，幅，長さなど）

（2）観察調査の頻度

　地質状況の観察調査は，現地の状況，施工方法等を十分検討して，掘削段階ごとに適切な施工延長間隔範囲（例えば10mあるいは20m）ののり面全体について観察記録をとるようにする。その他の各部材の観察調査は適宜行い，それぞれ記録する。

6.12 計　測

　計測は，作業の安全を確保し，第三者や近接構造物に対して影響を及ぼさないよう，施工中の補強斜面や周辺地山に変状がないか，構造物・規模に応じて適切に実施する。

【解説】

（1）計測の目的

　計測（動態計測）の主目的は，掘削に伴う周辺地山と各部材の変位等の変化を把握し，設計，施工の安全性を確認することにある。具体的には次のとおりである。

　a）周辺地山の変形など，その挙動を把握する。
　b）各部材の効果を知る。
　c）構造物としての補強地山の安全性を確認する。
　d）周辺構造物への影響を把握する。
　e）設計，施工への反映と将来の工事計画の資料とする。

（2）計測計画

　計測計画にあたっては，計測の目的を明らかにし，構造物の用途，規模，事前に行われる地質調査，あるいは周辺環境調査により得られる地山条件，周辺環境条件を十分に考慮して，それぞれの条件，問題点に適応するように計画する。また，結果に対する具体的な評価方法までを含めるとともに計測全体の経済性も考慮して効果的な計測計画を策定する必要がある。

　計測作業は，施工と併行して行われるため，施工にできるだけ支障をきたさず，安全・確実に実施されるよう，その手段および設備には十分に配慮することが望ましい。

　以上のことから，変状時の対策工も含めた計測計画書をあらかじめ作成することが必要である。

（3）計測項目

　計測には，必ず実施する計測項目と，現地の状況（用途，規模，地山条件，

第6章 施　工

周辺環境条件等）に応じて適宜，追加して実施する項目がある。

解説表-6.3に計測項目の一例を示す。この表では，日常の施工管理のために，必ず実施すべき項目を計測Aとし，用途，規模，地山条件，周辺環境条件等を考慮した上で，必要に応じ追加して選定する項目を計測Bとしている。

また，重要構造物等に近接して工事を行う場合は，自動計測（必要により警報付き）による，常時（リアルタイム）監視が求められる。以降に表中における計測項目の詳細を記す。

解説表-6.3　計測区分と計測項目の例

区分	計測項目	計測により求められる主な事項	代表的な測定方法
計測A	のり肩部の水平（鉛直）変位	周辺地盤の影響も含めた，のり面全体の安定性を判断する。	三次元計測（トータルステーション）
	地表変位	同上	地表面伸縮計
計測B	地中変位	のり面近傍地山の変位量を知り，設計・施工の適正を判断する。	孔内傾斜計
	補強芯材の軸力	発生軸力を知り，芯材長，芯材径の適正を判断する。	ひずみ計

1) 計測A（基本的計測）
①のり肩部と地表変位

のり肩や地表変位の測定には，測点を配置した観測杭を設けて，この測点の移動量を測定する方法がある。最近では，水平，鉛直変位とも同時に測定可能な三次元計測（トータルステーション）が使用されるようになっており，測定精度も高いことが確認されている。これらの測定方法に共通に，不動となる基準点が必要であり，計測期間中，誤って動かしたり，のり面付近の想定される変位領域内に設置しないよう留意する。また，光波を利用した三次元計測システムで長期計測を行う場合，貼付け反射ターゲットにちり・泥等が付着し，測定精度の低下や計測不能となることもあるので，必要により反射ターゲット表面の清掃を行うのがよい。

地表変位の測定は，一般的に地表面にインバール線と伸縮計を設けて，水平変位量の推移を自記記録式で行う。地表面伸縮計の長さは，**解説-6.33**に示す

ように，掘削深度の2倍程度とするのが一般的である。

2) 計測B（必要に応じ追加して行う計測）

①地中変位

地中（水平）変位を測定するには，孔内傾斜計による方法が一般的である。孔内傾斜計は不動点を基準にして変位（折れ）角を測定し，各点の変位量を計算によって求める方法であるため，絶対変位量を求めるためには，**解説図-6.34**に示すように，想定すべり面や想定崩壊面を貫いて確実に不動地盤まで挿入する。

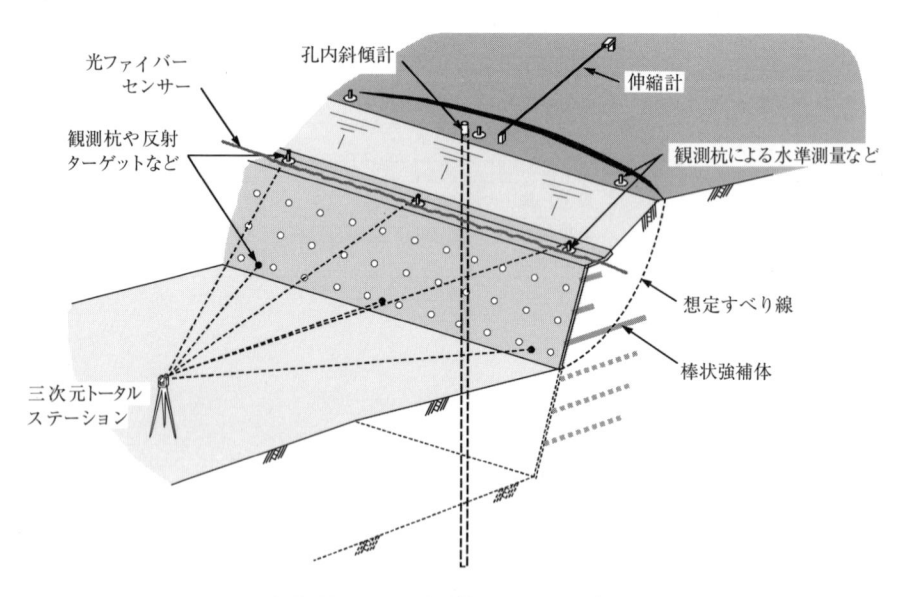

解説図-6.33 計測機器の配置例[2]

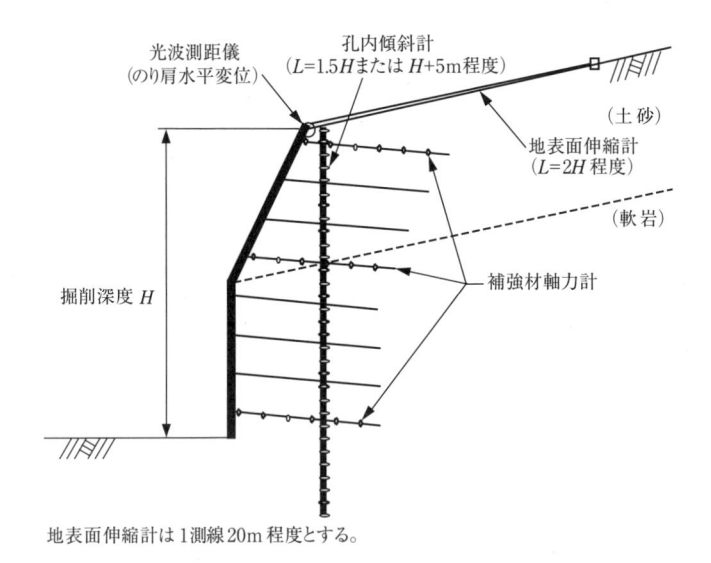

解説図-6.34　計測機器と必要計測長さ[5]

② 芯材の軸力

　補強芯材の軸力測定は，芯材に生ずるひずみを測定し，これより芯材の軸力を求めるものである。測定結果は経時変化図や芯材の軸力分布図として表示し，それらの結果から芯材長・径・材質等の適否を判断する。計測用補強芯材は，実施工で使用する芯材と同一のものとし，曲げによる影響を除去するために芯材の両面にひずみゲージを貼り付けて計測する。

(4) 計測要領

　計測にあたっては，計測目的，構造物の規模，地山条件等を十分考慮し，計測位置，測点の配置，計測頻度等を定める。

1) 計測位置

　のり肩部の水平変位・地表沈下測定は，同一断面において実施することが望ましい。のり面の施工延長方向の計測間隔は5mあるいは最少3断面を標準とするが，のり面の延長方向長さ，地質状況等によって適宜変更するものとする。

　地表変位は，前記ののり肩部の変位計測の位置を勘案しつつ，のり面全体を見て大きな変位が予想される代表的な位置において実施するとよい。

2）測点配置

のり肩部の水平変位・地表沈下および地表変位の測点（観測杭，ターゲット等）は，掘削面近傍背後（0.5〜1m 程度）に配置する。

3）測定頻度

のり肩部の水平変位・地表沈下測定の測定頻度は，構造物の施工が終了するまでは1日1回程度を標準とし，これ以降は変位速度と収束傾向を見ながら測定頻度を落とすのがよい。

（5）計測結果の整理

計測結果は，日常の施工管理の指標として，設計，施工に反映させることが重要である。このためには，原則として測定当日に整理し，必要な判断を下すものとする。なお，急激な地表面等の動きがある場合は，測定頻度を増やすと共に，（6）の計測管理基準を参考に崩壊の危険度を予測し，すみやかに対応策を講じることが必要である。

2）のり肩部の水平変位と地表沈下の経時変化の記録

地表面の水平変位測定等の経時変化を記録する様式は，以下の項目について記入するとよい。

① 工事件名，キロ程（位置）　　⑥ 降雨量，地震等
② 計測（測点）番号　　　　　　⑦ 湧水量
③ 測定日時，作業（施工）内容　⑧ 各管理基準値
④ 掘削深度
⑤ 変位量，初期値

解説図-6.35 に例を示すが，このような様式で統一して整理しておくことが望ましい。

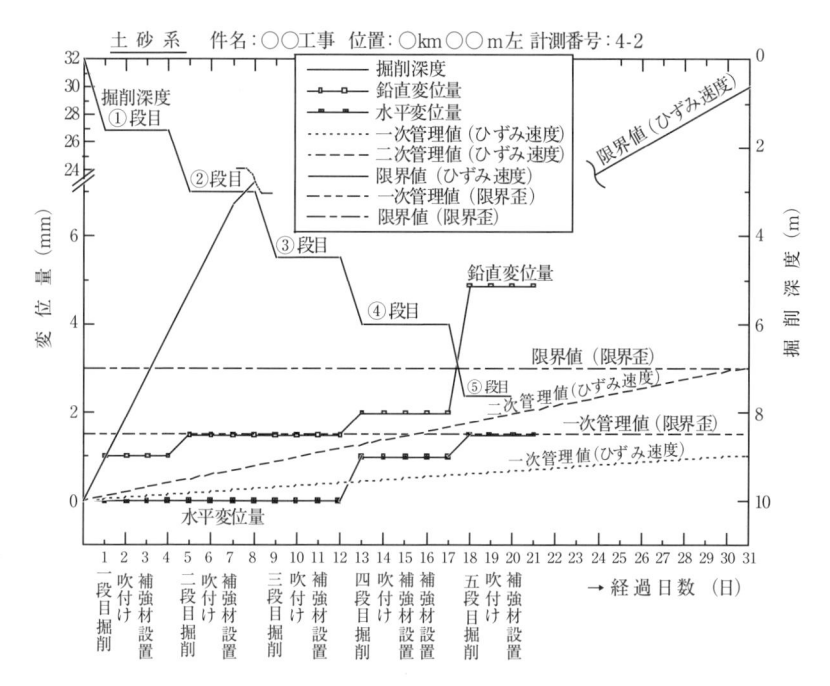

解説図 - 6.35　のり肩部の水平変位と地表沈下の経時変化（計測記録例）[2]

(6) 計測管理基準

　掘削を伴う切土安定化工法と切土補強土壁工法においては，掘削段階ごとののり面全体の安定性を確保しなければならず，計測管理の重要性がかなり高いものとなる。特に重要施設に近接する場合には，計測管理による情報化施工が求められる。このため解説図 - 6.36 には参考までに，管理基準値の例を示した。

　解説表 - 6.4 は「見掛けのせん断ひずみによる方法」と「ひずみ速度による方法」の両方で管理している例である。必要なパラメータは，のり肩の水平変位量 δ (mm)，掘削高さ H (mm)，経過時間 t (min) である。

　なお，変形モードは，過去の事例からのり肩の水平変形を基本としているが，はらみ出しモードやズレ変形モードを示すこともあり得る。この場合のせん断ひずみの定義 ($\varepsilon = \delta / H$) は，解説図 - 6.36 によるものとする。

解説表-6.4 のり肩の水平変位（ひずみ $\varepsilon = \delta / H$）管理基準の目安[2]（単位：％）

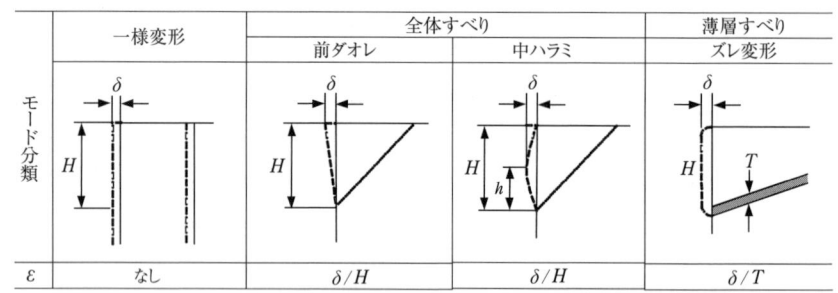

名　称	土砂系	軟岩系	硬岩系	対処方法
現場一次管理値 （通常レベル）	$0.2 \geqq \varepsilon$	$0.15 \geqq \varepsilon$	$0.1 \geqq \varepsilon$	検討を行うが，対策工は特に講じない。
	$\dot{\varepsilon} \leqq 0.03 \times 10^{-2} / \min$			
現場二次管理値 （警戒レベル）	$0.2 < \varepsilon \leqq 0.4$	$0.15 < \varepsilon \leqq 0.3$	$0.1 < \varepsilon \leqq 0.2$	計測頻度を増すか連続計測を行い，十分な検討を行い，対策工を講じる。直ちに退避できる体制をとる。
	$\dot{\varepsilon} \leqq 0.09 \times 10^{-2} / \min$			
限界値 （中止レベル）	> 0.4	> 0.3	> 0.2	施工を中止し，掘削土を埋め戻す（押え盛土）。補助対策工を実施する。設計の見直しを行う。
	$\dot{\varepsilon} \leqq 0.9 \times 10^{-2} / \min$			

モード分類	一様変形	全体すべり 前ダオレ	全体すべり 中ハラミ	薄層すべり ズレ変形
ε	なし	δ / H	δ / H	δ / T

ε：地盤のせん断ひずみ　　h：変曲点からすべり面までの深さ
H：すべり面までの深さ　　T：粘土層等のすべり面の幅

解説図-6.36　地山の変形モード[2]

　この表は地山補強土構造物の安定性から定めた管理値の例であるが，このほか，近接施工時における周辺地盤の管理項目として，例えば鉄道の営業線に近接して工事を行う場合の軌道計測に対する管理基準値など，近接する構造物側からの管理値もあることに注意する必要がある。それらについては，地盤工学会「地盤構造物の近接施工における計測技術とその影響評価」などを参考されたい。また，計測方法等も含めて関係機関等と綿密な調整，検討を行い設定することが必要である。

6.13 施工記録

地山補強土工の維持管理のために，必要な施工諸元等については記録し保管しておく。

【解説】

構造物造成完了後，地山補強土工の維持管理（点検）にあたり，施工諸元を記録し，保管しておくことが重要である。施工記録を残しておく事により，施工時に対しての点検時の現状を比較し，健全性等を確認することができる。**解説表-6.5**に施工記録項目の例を示し，**解説表-6.6**に施工記録の例を示す。

解説表-6.5　維持管理上必要な工事記録項目（例）
（「グラウンドアンカー 設計・施工基準」[6]を一部加筆）

工事段階	項目	特記すべき内容
準備段階	使用機械リスト	
施工段階	作業日報,打合せ記録	
	機械点検記録	
	材料品質記録	・芯材,注入材,防食材料
	削孔工事記録	・地盤(地下水状況含む), 削孔速度,
	芯材加工記録	・ミルシート, 発錆状況
	注入工事記録	・注入量,注入時間
	試験記録	
完了段階	施工報告書	・施工図（当初設計,変更設計,出来型図）

解説表 - 6.6　施工記録の例

工事名							
施工日	年　月　日			施工位置			
使用材料	芯　材						
	注 入 材						
	防食材料						
注入量	リットル			注入時間		時間	
地盤・地下水状況							

番号	削　孔			芯材加工			備　考
	削孔径 (mm)	打設角度 (°)	削孔長 (m)	芯材長 (m)	スペーサー数量 (個)	発錆状況	

参考文献

1) 東日本・中日本・西日本高速道路（株）：設計要領第一集土工編，2006.
2) 日本鉄道建設公団：補強土留め壁設計・施工の手引き，2001.
3) （社）鋼材倶楽部，SFRC構造設計施工研究会：鋼繊維補強コンクリート設計施工マニュアル（法面保護工編），1995.
4) ノンフレーム工法研究会：ノンフレーム工法設計・施工マニュアル（案），2006.
5) 東日本・中日本・西日本高速道路（株）：切土補強土工法設計・施工要領，2007.
6) 地盤工学会：グラウンドアンカー設計・施工基準，同解説，2000.

第7章 引抜き試験

7.1 一 般

引抜き試験の実施にあたっては，あらかじめ試験計画を作成するとともに試験目的に応じた適切な試験方法により行うものとする。

【解説】

引抜き試験（以下，試験とする）は補強材の状態や設計に用いる補強材力を知るために有効な調査法であり，地山補強土工法の様々な段階で，様々な目的のために実施される。工事の規模や重要度に合わせて適用範囲等を適宜調整する。以下に引抜き試験の概要を示す。

(1) 試験の種類

補強材の設計・施工に際して実施する試験の種類は以下のとおりである。

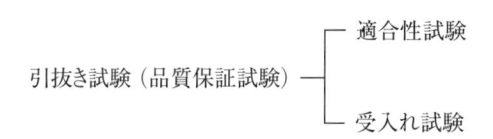

```
                         ┌─ 適合性試験
引抜き試験（品質保証試験）─┤
                         └─ 受入れ試験
```

解説図-7.1　引抜き試験の種類

引抜き試験は，実際に施工された補強材が所定の性能・品質を有しているかを確認する目的で行われる「品質保証試験」であり，工事着手時に地質ごとの極限引抜き力等を確認するために行う「適合性試験」と，日常の品質管理の目的で実施される「受入れ試験」に分類できる。

(2) 試験の計画

1) 試験計画書の作成

引抜き試験の実施に先立ち，円滑に試験が行われるように試験計画書を作成するものとする。なお，試験計画書の主な記載項目としては，対象工事の概要，地盤条件，試験の種類と目的，試験の実施位置，試験補強材の種類と施工方法な

どがある。ここで施工方法に関しては，補強材の削孔径や設置地盤との深さなどの位置関係のような仕様と諸元，使用機械，使用材料，削孔方法・注入方法など具体的な方法を示した施工手順，施工管理，仮設計画などが含まれる。試験方法の記載項目には，試験装置，載荷計画，計測項目と計測装置，試験結果の判定方法などがあげられる。

そのほか，試験を円滑に実施するための試験要員の配置体制や安全管理体制について記載する。

2）載荷方式

載荷方式については，段階載荷方式と連続載荷方式がある。段階載荷方式は荷重を段階的に変化させ各段階で一定時間保持するものであり，連続載荷方式は荷重を保持せず連続的に変化させるものである。前者は，長期的に作用する荷重条件を再現する場合に適し，後者は地震などの短期的に作用する荷重条件を再現する場合に適する。

また，サイクル数については，多サイクルと1サイクルがあり，前者は繰返し載荷条件に対する適応性が高く，後者は試験を簡易に実施できるメリットがある。

載荷方式の選択に関して日常管理における頻繁に実施されるものについては，簡易な実施方法で行うのが適当と考えられるが，事前に設計に用いる極限引抜き力やせん断地盤反力係数等を決定するために行う試験については，設計の趣旨を踏まえた載荷方式，サイクル数で行うことが望ましい。なお，具体的な方法については，「7.2　適合性試験」および「7.3　受入れ試験」に記載する。

（3）試験装置

試験装置は，加力装置，反力装置および計測装置から構成される。これらの試験装置は，試験の種類，目的，計画最大荷重，現場の状況などに応じて適切なものを選定する。

1）加力装置

加力装置には，通常センターホール型の油圧ジャッキと油圧ポンプが用いられる。油圧ジャッキは，その容量とストロークに余裕のあるものを選び，通常，計画最大荷重の1.2倍程度まで載荷可能なものを用意しておくことが多い。油圧ジャッキの性能は，荷重の増減が一定の速度でスムーズに行え，かつ一定荷重の保持が容易

第7章　引抜き試験

にできるものが望ましく，使用に先立ってキャリブレーションを行っておく。

2) 反力装置

　適合性試験のように正確に補強材の極限引抜き力を求める際の反力装置は，**解説図-7.2** のように支圧板からの地山への荷重の伝達が補強材（定着材）付近の地山内の拘束圧に変化を与えないように，載荷梁の構造を備えたものが望ましい。しかしながら，載荷装置が大掛かりとなることから，多数の試験を行う場合には不適である。そこで受入れ試験などでは，試験の簡便性から**解説図-7.3** に示す支

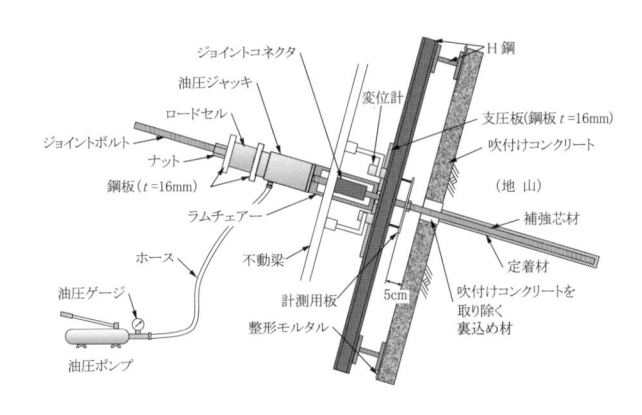

解説図-7.2　引抜き試験概要図（載荷梁方式の例）

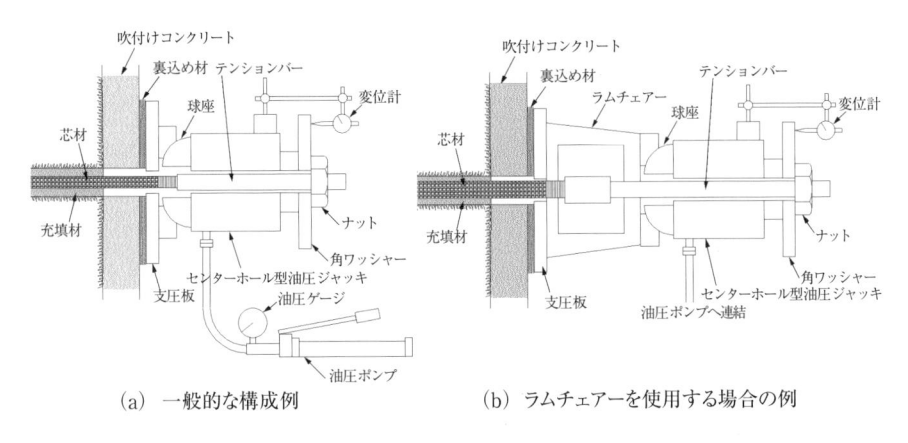

(a) 一般的な構成例　　　(b) ラムチェアーを使用する場合の例

解説図-7.3　引抜き試験概要図（支圧板方式の例）

圧板方式が用いられる。ただし，その際には載荷梁方式での試験との対比データなどから適宜補正を加えて評価する必要がある。支圧板方式は一般的に（a）のような構成で行われるが，芯材とテンションバーをつなぐカップラーが油圧ジャッキに支障する場合は，（b）のようにラムチェアーを使用してクリアランスを確保する方法もある。

引抜き試験は，地山と補強材との摩擦抵抗の把握を主な目的としているため，吹付けコンクリート等を施工している場合は，補強材との縁切り処理を確実に行う必要がある。

3) 計測装置

計測は，荷重，変位量，時間などについて実施するものとし，一般に，荷重計測は，ロードセル，油圧センサー，油圧計が用いられ，変位計測は不動梁等に固定した変位計により補強材に取り付けた計測用板との距離を測る。この場合，変位計測は，計測用板に対して垂直になるように取り付け，最低2箇所以上として，加力中の試験装置の変位などに伴う影響を除去できるようにするのが一般的である。

7.2 適合性試験

適合性試験は，施工着手時に地質ごとの極限周面摩擦抵抗力度を確認するために行う。

【解説】

(1) 試験一般

施工着手時には，適合性試験を実施して，現地の地質状況や施工状況に応じた引抜き力を把握することが望ましい。試験に用いる補強材は，一般に本施工とは別に試験用補強材を打設するものとする。

なお，地山補強土工法の補強材の極限引抜き力は，以下のa）～c）の最小値で決定されることに留意する必要がある。

　　a) 定着材と設置地盤との極限周面摩擦抵抗
　　b) 芯材と定着材との極限付着力
　　c) 芯材の破断強度

このうち，引抜き試験で求めることができるのはa）であり，b）とc）は材料の性状で求めることが可能である。a）を確実に求めるためには，計画荷重に対して十分に余裕がある芯材を用いるなどの配慮が必要となる。

（2）試験本数

　試験本数は，原則として地層ごとに3本以上の試験を行うことが望ましいが，中口径や大口径など試験が大掛かりになる場合は適宜判断する。

　ここで，試験本数が多いほど，試験結果の信頼性が高まることから，合理的な設計を行う場合には，できるだけ多数行うことが望ましい。試験本数を多数実施することにより，それに応じた安全係数の設定が可能となる。

（3）載荷方法と計測項目

　載荷方法は，設計に必要な諸定数を求めるために，適切な方法を選択する必要がある。

　載荷サイクルは，1サイクルと多サイクルがあるが，適合性試験においては，多サイクルを原則とする。やむを得ず1サイクルで実施する場合は，その影響を勘案し，結果については，やや割り引いて考える必要がある。

　以下に，載荷方法と計測項目の一般的な目安を示す（**解説図-7.4**）。

　①初期荷重

　　載荷試験装置のずれなどの防止対策として，初期荷重を与える。

　　初期荷重は，5.0kN，もしくは計画最大荷重の0.1倍程度とする。

　②計画最大荷重

　　本試験の目的が地質ごとの引抜抵抗力を確認するものであることから，定着材と設置地盤との極限周面摩擦抵抗力が，芯材と定着材との極限付着力および芯材の破断強度よりも小さくなるよう計画する必要がある。

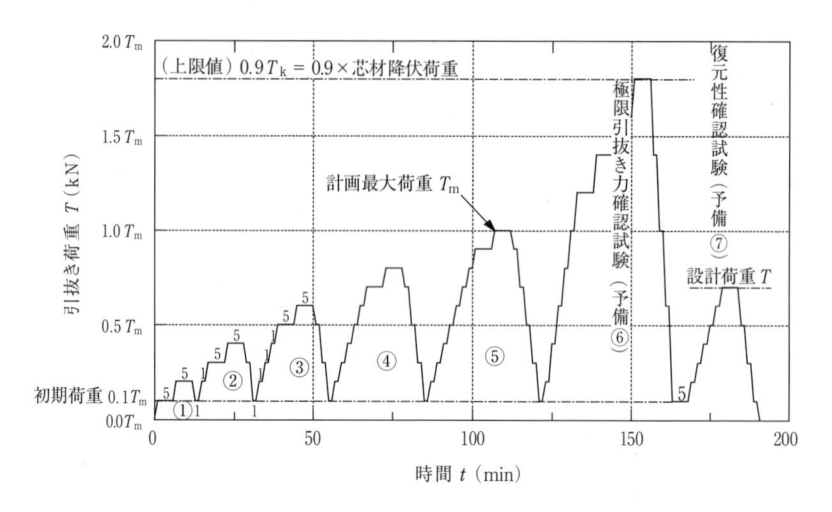

解説図-7.4 載荷時間 - 荷重の例（適合性試験）

硬質岩盤などを対象とした場合，定着材と設置地盤との極限周面摩擦抵抗力の方が，芯材と定着材との極限付着力および芯材の破断強度よりも大きくなると予測されることがある。この場合は，圧縮強度の大きい定着材や降伏強度の大きい芯材を使用するなどの工夫が必要である。

計画最大荷重は，「補強材試験体の定着材と地盤との極限周面摩擦抵抗力」と「補強芯材降伏荷重の90%（降伏させない範囲）」の小さい方とする。

③荷重段階

　増加荷重のきざみは，初期荷重から10.0kN，もしくは計画最大荷重の1/10〜1/20の荷重増分とし，初期荷重段階を含めて5段階以上とする。計画最大荷重まで載荷しても引抜けが確認できない場合は，引き抜けるまで段階的に載荷する。ただし，この場合の最大荷重は補強芯材降伏荷重の90%，または補強材試験体の定着材と地盤との極限周面摩擦抵抗力の2倍を上限とする。

④荷重保持時間

　荷重段階の各段階における保持時間は5分間以上（履歴内荷重は1分間以上）を標準とするが，各載荷段階の荷重保持時に引抜き変位が持続的に変位（クリープ）する場合には，変位速度がほとんど零になるように保持時間を設

定する．
　⑤載荷速度
　　各荷重間の増荷重速度は一定とする．1分間当り10.0kN，もしくは1分間当り計画最大荷重の10％荷重を増加させる．
　⑥計測項目
　　載荷時間，試験時間，補強材変位，反力装置変位などについて記録する．
（4）試験結果の整理
　試験結果は引抜き荷重（kN）と引抜き変位量（mm）の関係を整理し，その関係より引抜き耐力を求め，設計で用いる極限周面摩擦抵抗力度 τ を求める．
1）引抜き荷重～引抜き変位量曲線の作成
　引抜き荷重～引抜き変位量曲線より，引抜き耐力（最大引抜き荷重）を求める．

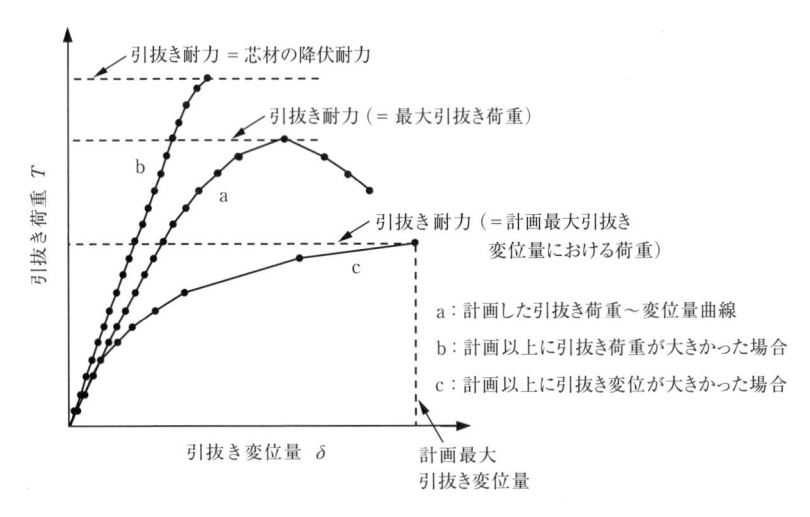

解説図 -7.5　引抜き耐力の決定方法（適合性試験）

2）引抜き耐力（最大引抜き荷重）の定義
　適合性試験の引抜き耐力は，引抜き荷重～引抜き変位量曲線が**解説図 -7.5** のaとなるように試験計画を設定すべきであるが，やむを得ず，bのように芯材の降伏応力に達したり，cのように当初計画した引抜き変位量に達した場合は，その値

を引抜き耐力とし，その旨を記録する。

3) 限周面摩擦抵抗力度τの決定

引抜き耐力より，極限周面摩擦抵抗力度τ_{max}を求める。

$$\tau_{max} = \frac{T_{max}}{\pi \cdot D \cdot L} \qquad \cdots (式 7.1)$$

ここに，T_{max}：引抜き耐力 (N)
　　　　　D：孔の直径（削孔径）(mm)
　　　　　L：定着長 (mm)

なお，1本の補強材が複数の土層に跨る場合には，芯材にひずみゲージを貼付し軸力分布を測定することにより，当該地層における極限周面摩擦抵抗力度を算出するとよい。

4) 試験で求められた引抜き耐力の評価

試験で得られた引抜き耐力が，当初設定した計画最大荷重よりも極端に小さい場合には，設計で用いた土質定数や極限周面摩擦抵抗力度を見直す必要がある。

逆に計画最大荷重を大きく上回るまで（例えば2倍程度）載荷しても極限状態に至らない場合には，設計極限周面摩擦抵抗力度を多少割り増して（例えば，割り増しの上限として20％と設定する）設計の合理化を行うことも可能である。ここで，割り増し率については，補強材抵抗力の施工によるバラツキや載荷試験の本数などを勘案し，過小側に設定する必要がある。

第7章　引抜き試験　　　161

7.3　受入れ試験

受入れ試験は，日常の品質管理のひとつで，設計時に要求される性能に対して実際に造成された補強材がこれを満足する品質を有するか確認するために行う。

【解説】
（1）試験補強材
受入れ試験に用いる補強材は，実際に供用される補強材から選定する。
（2）試験本数
ネイリングおよびマイクロパイリングの場合は，施工全数量の3％かつ3本以上が望ましい。ダウアリングの試験本数は，杭などと同様に大口径であるため試験結果にバラツキが少ないこと，載荷試験の規模が大掛かりとなることから1本以上とする。
（3）載荷方法と計測項目
以下に，載荷方法と計測項目の一般的な目安を示す。重複部分は「**7.2 適合性試験**（3）載荷方法と計測項目」に準ずる。

①計画最大荷重
計画最大荷重は，設計引張り力，もしくは設計許容周面摩擦抵抗力に相当する引張り力とする。
ここで，設計引張り力とは，安定解析の結果から得られる補強材に作用する最大引張り力のことである。

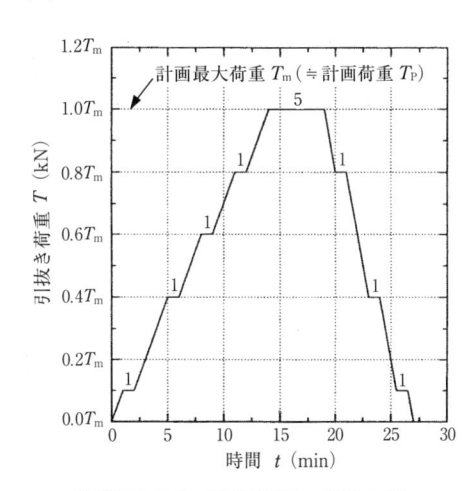

解説図-7.6　載荷時間～荷重の例
　　　　　　（受入れ試験）

また，設計許容周面摩擦抵抗力とは，設計時に設定した極限周面摩擦抵抗力を引抜きに対する安全率で除した値である。

② 載荷サイクル

1サイクルとする。

③ 荷重保持時間

各荷重段階において，一定の時間，荷重を保持できることを確認する。計画最大荷重時は5分間保持する。計画最大荷重時以外では1分間保持する。ただし，変位が安定しない場合には，安定するまで荷重保持時間を延長する。

④ 載荷速度

各荷重間の増荷重速度は一定とする。

1分間当たり10.0kN，もしくは1分間当り計画最大荷重の10%荷重を増加させる。

徐荷過程においては，載荷過程の2倍の速度としてもよい。

(4) 結果の整理

計画最大荷重を載荷して，所定の時間，荷重を保持できれば合格と判定する。試験結果については，荷重〜補強材変位量曲線の形で整理する。

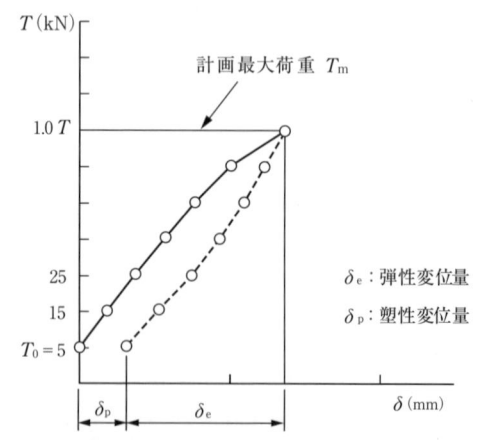

※ 載荷試験装置のいずれなどの防止対策として，初期荷重を5.0kN，もしくは計画最大荷重の0.1倍程度与える。

解説図-7.7 荷重〜補強材変位量曲線の例（受入れ試験）

第7章　引抜き試験

試験の結果，計画最大荷重を満足できないと判定された場合には，受入れ試験の追加を行うなどして，その原因（施工方法の問題か，設計上の問題か，試験方法の問題か）を検討し，設計・施工の見直しを行う必要がある。

7.4　記　録

引抜き試験の結果は，日常の施工管理のために，また将来の工事計画への反映を考慮して記録・保存するものとする。

【解説】

引抜き試験の結果は，正確に設計・施工に反映させることが重要である。そのため，試験の評価が同一に判断できるよう記録の形式は，書式を統一することが望まれる。これにより将来的に各種土質におけるデータ収集が容易となる。

解説表-7.1に試験結果の記録・整理の項目の例を示す。

解説表-7.1　引抜き試験結果の記録・整理項目

項目	内容	特記すべき内容
試験概要	実施年月日，実施場所 サイクル数 計画最大荷重	
試験装置概要	載荷装置 荷重計測方法 変位計測方法 変位計測位置	
工法概要	補強材直径 補強材長さ 設置角度 芯材種別	
施工時の特記事項		
土質概要	土質名称，N値，γ，c，ϕ，τ 土層線	
形状	構造物形状	
試験データ	載荷荷重 変位 荷重～変位量曲線	
試験施工写真		

参考文献

1) 切土補強土工法設計・施工要領，東日本・中日本・西日本高速道路，2007.
2) 補強土留め壁設計・施工の手引き，日本鉄道建設公団，2001.
3) グラウンドアンカー設計・施工基準，同解説，地盤工学会，2000.

第8章 維持管理

8.1 一般

　地山補強土工法にて補強された斜面に対しては，定期的に変状の有無を確認し，変状がある場合は速やかに変状原因を推定し，必要に応じて種々の対策を講じるものとする。

【解説】

　地山補強土工法は，地山安定化工法，切土安定化工法，切土補強土壁工法に大別され，それぞれの工法に対応した設計法，施工法に基づき構造物が構築されている。ただし，地山という不均一な材料を補強対象としているため，設計・施工で十分な配慮がなされたとしても，不測の変状が生じる場合もある。また，表面材や補強材の耐久性に起因した変状もある。これらに対する対応として工事完了後の維持管理（点検）が重要といえる。

　本工法における維持管理の目的を挙げれば，次のとおりである。

①　計画時に設定した補強材の補強効果が十分に発揮されて，のり面に変状が現れていないことを確認すること。

②　変状が現れた場合には速やかに調査，対策工法の設計，補強工事を行い，利用者および第三者に支障のないよう補強地山を常時良好な状態に維持する。

　補強地山の維持については，当該工法そのものが運用され数十年程度と歴史が浅い工法である。このため，地山補強土に着目した具体的な管理方法を規定している基準類は見受けられない。擁壁などに準ずることも考えられるが，地山の挙動に対して受働的に補強効果を発揮する点に擁壁と構造の違いがある。したがって，ここでは，柔軟な構造であるという地山補強土工法の特徴を踏まえたうえで維持管理の基本的な考え方について示す。

8.2 維持管理の方法と点検の着目点

維持管理においては，工法の特徴をよく理解したうえで，本マニュアルに示す維持管理の着目点を参考とし，補強土構造物および周辺の地盤について，点検や計測を行うものとする。

【解説】

（1）維持管理の方法

地山補強土工法は，補強材の大半が露出することがなく，しかも，補強材と地山が一体となって構造物を安定化させる工法という特徴から，一般の構造物における維持管理の方法と同様に取り扱うことは難しい。そこで，点検の基本的な考え方としては，予想される変状パターンを理解したうえで，補強された斜面を把握する点検と，表面材や頭部定着材などの各部位の状況を点検する2つの観点から点検を行う。解説表-8.1は，高速道路における点検の種別に地山補強土工法の場合の着目点を加筆したものである。点検種別は各管理者によって異なるが，概ね日常点検，数年に一度の定期的な点検，台風や地震直後の臨時の点検に区分される。また，変状構造物に対しては，より詳細な点検がなされる。地山補強土工法もこのような体系の中で点検が行われることになる。

解説表-8.1 点検の概要（道路の例）

（東日本・中日本・西日本高速道路(株)：保全点検要領構造物[1]を一部加筆）

点検の種別	点検の手法	点検の着目点
日常点検	車上目視，遠望目視	予想される変状パターン位置（全体観察）
定期点検	遠望目視，近接目視	
詳細点検	近接目視，打音	予想される変状パターン位置，頭部定着材の劣化状況など（細部観察），場合によっては各種非破壊検査により状態を確認する。例えば，地山補強土の健全度を，重すい載荷（衝撃）試験で，固有周期の経年の変化でその健全度を把握し，維持管理を行っている例も見られる
臨時点検	災害点検要領	台風や地震後の状況確認

第8章　維持管理　　　　　　　　　　　　　　　　　　　　167

(2) 維持管理の着目点

　地山補強土工法は，地山の挙動に対して受働的に補強効果を発揮し，地盤の変形を拘束することで，斜面の安定性を向上させる工法である。したがって，補強地山の健全性の評価には，単純に変形の有無だけに着目するのではなく，変位の経時的変化や補強土工自体の状況や周辺地山の状況等を総合的に判断することが重要となる。**解説表-8.2**に補強された斜面全体を把握する点検の着目点の例を示す。また，**解説表-8.3**に詳細点検における着目点の例を示す。

解説表-8.2　変状のパターンと点検の着目点

変状パターンの種類	地山補強土工法における点検の着目点
周辺地盤全体におけるの変状パターン	湧水／隆起／うねり／腹み出し，せり出し／陥没／クラック

工法分類			地山安定化工法・切土安定化工法	切土補強土壁工法
地山補強土工法の変状パターン	補強域全体を含む変状（局所な変化）	補強土面延長方向の変状	のり面のうねり	壁面のズレ
		補強土面と直角方向の変状	のり尻盤膨れ	天端地盤の沈下／転倒
			はらみ出し	せり出し
		表面材頭部定着材の変状	格子枠コンクリートのひび割れ 頭部定着材の腐食 のり尻からの異常出水	壁体のひび割れ

解説表-8.3 点検対象箇所と点検項目・点検方法
(地盤工学会:「グラウンドアンカー計・施工基準,同解説」[3] を修正加筆)

点検対象箇所	点検項目	点検方法	日常点検	定期点検
周辺地盤	沈下,変位	目視,測量		◎
頭部定着材,支圧板	浮き上がり	目視,打撃音		◎
	破損,落下	目視	○	○
	劣化	目視		○
表面処理工の表面	変形(はらみ,せり出し,うねり)	目視,測量		◎
	コンクリート劣化	目視		○
	ひび割れ,目地ズレ	目視,寸法計測		◎
	破損	目視	○	○
壁面	変形(倒れ,移動)	目視,測量		◎
	ひび割れ,目地ズレ	目視,寸法計測		◎
湧水／排水溝	しみ出し／詰まり	目視		◎

「凡例」 ○:目視点検のみ ◎:目視点検に加え,必要により打撃・測量・試験なども実施

写真-8.1 格子枠コンクリートのひび割れ

第 8 章　維持管理

写真-8.2　格子枠工の崩壊　　写真-8.3　斜面末端に見られる変状

写真-8.4　格子枠斜面末端からの出水（湧水）

8.3　対　策

点検等により異常が認められた場合，それぞれの点検結果を総合的に判断し，異常の原因を踏まえたうえで，適切な対策を実施する。

【解説】
（1）補強した斜面全体の安定に問題がある場合の対策

点検，調査の結果，補強地山及びその周辺全体の安定性に問題を及ぼす変状が確認された場合には，埋め戻しや押さえ盛土等の緊急措置を行い，早急に崩壊の危険性を取り除く必要がある。その後，詳細な調査を実施し，不安定化の原因

を排除する対策や、追加の抑止対策等を実施する。また、地下水観測から、補強された斜面の全体の安定性に影響を及ぼすと考えられるような異常な水位の変動や出水が認められた場合には、速やかに既設排水施設の点検・掃除、新たな地下水排水工などの対策を行うとともに増打ちなどの追加補強対策について検討する。

(2) 補強材や表面材などの部位の変状に対する対策

点検の結果、補強材の頭部定着材や表面材などに異常が認められた場合、その原因について調査し、補修を加える措置を検討する。調査の結果、斜面全体の安定性に問題がないと判断された場合には、表面材の亀裂に対する補修（雨水浸入の防止対策）や頭部定着材の防食といった部位に対する対策は、緊急性を要するものではないが、施設の延命化の観点からも重要となるため。管理表と協議の上、適宜処理を進めるとよい。

8.4 記　録

記録は、完成後における維持管理を行う上での参考となるよう、設計諸元や施工時の情報、点検時の情報、計測結果などについて整理、保存するものとする。

【解説】

補強地山の維持管理に当たっては、日常の点検結果を記録・保管することはもちろんのこと、補強土工の設計諸元や施工仕様（打設位置や角度など）に加え、対象地山のスケッチや地質情報といった健全性を評価するうえで必要となる。設計や施工時の情報も記録・保管することにその後の維持管理につながる資料となる。**解説表 -8.5** に一般的な工事記録項目の例を示す。これに加えて、点検や計測結果、補修や対策履歴などの記録を、適切な方法で記録することによって、異常の早期発見や健全性の判定をスムーズに行うことができるようになる。

解説表-8.5　工事記録項目(例)

(地盤工学会：グラウンドアンカー設計・施工基準，同解説[3]を一部加筆)

工事段階	項目	特記すべき内容
準備段階	使用機械リスト	
施工段階	作業日報，打合せ記録	
	機械点検記録	
	材料品質記録	・芯材，注入材，防食材料
	削孔工事記録	・地盤（地下水状況含む），削孔速度
	芯材加工記録	・ミルシート，発錆状況
	注入工事記録	・注入量，注入時間
	試験記録	
完了段階	施工報告書	・施工図（当初設計，変更設計，出来形図），頭部定着工名

参考文献

1) 東日本・中日本・西日本高速道路㈱：保全点検要領構造物編，2006.
2) 鉄道総合技術研究所:鉄道構造物等維持管理標準・同解説（構造物編）土構造物（盛土・切土）」，2007.
3) 地盤工学会：グラウンドアンカー設計・施工基準，同解説，2000.

参 考 資 料

参考資料1 参考文献及び関連基準・法令・・・・・・・・・・・・・1

参考資料2 各地山補強土工法と従来工法の比較・・・・・・・・・・5

参考資料3 自然斜面に適用した地山補強土工法について・・・・・・11

参考資料4 地山補強土工法の引抜試験データの収集，整理結果・・・17

参考資料5 引抜き試験データシートの例・・・・・・・・・・・・・24

参考資料6 施工記録の例・・・・・・・・・・・・・・・・・・・・27

参考資料7 地山補強土工法の事例集・・・・・・・・・・・・・・・29

参考資料8 他工法を併用した地山補強土工法の事例集・・・・・・・37

参考資料1　参考文献および関連基準・法令

本マニュアルに定めていない事項については，工事全般に関する法令および基準類等の定めるところによる。

（1）参考文献

工事の施工に際し，周辺構造物の有無，河川，道路，宅地，鉄道との関連，地域の状況によっては，建設工事に関連する規制を受ける場合がある。工事の途中で大幅な計画変更が生じたり，工事の遅延が生じたりすることのないように，事前に法規等の内容を十分に理解し，適切な対策を検討しておかなければならない。

本マニュアルに記載のない事項に関しては，次の関連基準類を参考としてよい。

1)	建造物設計標準解説（鉄筋コンクリートおよび無筋コンクリート構造物）	昭和58年 2月
2)	建造物設計標準解説（基礎構造物，抗土圧構造物）	平成62年 2月
3)	鉄道構造物等設計標準・同解説 SI 単位版（コンクリート構造物）	平成11年12月
4)	鉄道構造物等設計標準・同解説 SI 単位版（土構造物）	平成12年 2月
5)	鉄道構造物等設計標準・同解説 SI 単位版（基礎構造物・抗土圧構造物）	平成12年 6月
6)	鉄道構造物等設計標準・同解説（開削トンネル）付属資料：掘削土留め工の設計	平成13年 3月
7)	鉄道構造物等設計標準・同解説（耐震設計）	平成11年10月
8)	既設盛土のり面急勾配化工法設計・施工マニュアル，RRR 工法協会	平成10年 6月
9)	ラディッシュアンカー工法技術審査証明報告書，(財)先端建設技術センター	平成 9年11月
10)	グラウンドアンカー設計・施工基準，同解説，地盤工学会	平成12年 3月
11)	土質基礎工学ライブラリー29「補強土工法」，地盤工学会	昭和61年 5月
12)	地盤調査の方法と解説，地盤工学会	平成16年 6月
13)	擁壁用透水マット技術マニュアル，(社)全国宅地擁壁技術協会	平成 9年 6月
14)	道路土工－のり面工・斜面安定工指針，日本道路協会	平成11年 3月
15)	道路土工－擁壁工指針，日本道路協会	平成11年 3月
16)	切土補強土工法設計・施工要領，東日本・中日本・西日本高速道路(株)	平成19年 1月
17)	設計要領第一集　土工編，日本道路公団	平成10年 5月
18)	ロックボルトと吹付けコンクリートによる仮土留工　設計・施工の手引（案），日本鉄道建設公団	平成 7年10月
19)	補強土留め壁設計・施工の手引，日本鉄道建設公団	平成13年 8月
20)	格子枠工の設計・施工指針（改訂版），全国特定法面保護協会	平成18年11月

21)	のり面緑化工の手引，全国特定法面保護協会	平成18年 5月
22)	グラウンドアンカー受圧板設計・試験マニュアル，土木研究センター	平成16年12月
23)	吹付けコンクリート指針（案）〔のり面編〕，コンクリートライブラリ122，土木学会	平成17年 6月
24)	切土補強土工法設計・施工要領，東日本・中日本・西日本高速道路(株)	平成19年 1月
25)	緑の斜面づくり調査・設計ー緑の斜面工法整備の事例集ー，(財)砂防・地すべり技術センター	平成17年 9月

（２）関連基準・法規

参考表-1.1　関連法規類

準拠法令	公布年月日	主な規則事項
◎（都市計画関係）		
都市計画法	昭43. 6. 15	都市計画の手続き・都市計画区域内の行為の規制および都市計画事業地内の行為規制
国土利用計画法	昭49. 6. 25	土地利用基本計画の作成，土地取引の規制と処置
◎（自然・文化財保護関係）		
自然公園法	昭32. 6. 1	国立公園，国定公園，都道府県立自然公園内の行為の規制
都市公園法	昭31. 4. 20	都市公園内の占用に関する規制
文化財保護法	昭25. 5. 30	史跡名勝天然記念物および埋蔵文化財包蔵地内の工事の規制
自然環境保全法	昭47. 6. 22	自然環境保全地区の規制
都市緑地保全法	昭48. 9. 1	緑地の保全および緑化の推進に関する規制
森林法	昭26. 6. 26	森林計画，保安林その他の森林に関する規制
◎（河川関係）		
海岸法	昭31. 5. 12	海岸保全区域の占用および行為の規制
河川法	昭39. 7. 10	河川区域および河川保全区域内の占用および行為の規制
公有水面埋立法	大10. 4. 9	河，湖，沼等の公共の用に供する水流，水面の占用および行為の規制
工業用水法	昭31. 6. 11	工業用水・地下水の水源に関する法律
海洋汚染及び海上災害の防止に関する法律	昭45. 12. 25	海洋への油の流出および廃棄物の排出規制
◎（道路交通関係）		
道路法	昭27. 6. 10	道路の占用に関する規制

参考資料-3

道路交通法	昭 35. 6.25	道路の使用に関する規制
◎(環境・公害・廃棄物関係)		
環境基本法	平 5. 11. 19	環境保全，公害の防止に関する規制
環境影響評価法	平 9. 6. 13	環境影響評価に関する法律
水質汚濁防止法	昭 45. 12. 25	公共用水域に対する排水の規制
下水道法	昭 33. 4. 24	流域下水道の整備・策定・設置・管理の基準と水質の保全
騒音規制法	昭 43. 6. 10	工事騒音に対する規制
振動規制法	昭 51. 6. 25	工事振動に対する規制
大気汚染防止法	昭 43. 6. 10	粉じん等の排出規制
悪臭防止法	昭 46. 6. 1	悪臭物質の排出規制
廃棄物処理法（廃棄物の処理および清掃に関する法律）	昭 45. 12. 25	廃棄物に関する処理の規制
資源の有効な利用の促進に関する法律	平 4. 4. 26	副産物に対する処理の規制
産業廃棄物の処理に係る特定施設の整備の促進に関する法律	平 4. 5. 27	産業廃棄物処理施設に関する法律
エネルギー等の使用の合理化及び再生資源の利用に関する事業活動の促進に関する法律	平 5. 3. 31	省エネルギーおよびリサイクル促進に関する法律
温泉法	昭 23. 7. 10	温泉の保護と利用に関する法律
◎(災害防止関係)		
宅地造成等規制法	昭 36. 11. 7	宅地造成工事規制区域内の行為の規制
地すべり等防止法	昭 33. 3. 31	地すべり防止区域内の行為の規制
急傾斜地の崩壊による災害防止法	昭 44. 7. 1	急傾斜地崩壊による災害防止指定地域内の行為の規制
消防法	昭 23. 7. 24	火災防止のための遵守すべき予防措置
火薬類取締法	昭 25. 5. 4	火薬類の製造，販売，運搬，その他取扱いの規制
労働安全衛生法	昭 47. 6. 8	労働災害防止のための遵守すべき安全措置
砂防法	明 30. 3. 30	治水上実施する砂防工事に関する基準
◎(その他)		
建築基準法	昭 25. 5. 24	建築物の敷地，構造，設備および用途に関する基準
電気事業法	昭 39. 7. 11	電気工作物の工事，維持および運用に関する規制

建設工事公衆災害防止対策要綱（建設省）	平5. 1. 12	建設工事を施工するにあたって遵守すべき最小限の技術的基準
薬液注入工法による建設工事の施工に関する暫定指針（建設省）	昭49. 7. 10	薬液注入工法に関する規制
建設工事に伴う騒音，振動防止対策技術指針（建設省）	昭51. 3. 2	建設工事の騒音および振動に関する規制
農業振興地域の整備に関する法律	昭44. 7. 1	農業振興地域に関する規制
毒物及び劇物取締法	昭25. 12. 28	毒物および劇物の取締りに関する法律
ダイオキシン類対策特別措置法	平11. 7. 16	ダイオキシン類に関する規制
地球温暖化対策の推進に関する法律		
特定外来生物による生態系等に係る被害の防止に関する法律（外来生物法）	平17. 6. 1	
絶滅のおそれのある野生動物の種の保存に関する法律	平5. 4. 1	
遺伝子組換え生物等の使用等の規制による生物の多様性の確保に関する法律	平15. 6. 18	
自然再生推進法	平14. 12. 11	
土壌環境基準		
循環型社会形成推進基本法	平12. 6. 2	
資源の有効な利用の促進に関する法律		
集落地域整備法		
建設工事に係る資材の再資源化等に関する法律	平14. 1. 23	
グリーン購入法		
土砂災害警戒区域等における土砂災害防止対策の推進に関する法律	平12. 5. 8	
景観三法	平16. 6. 18	
生産緑地法		
肥料取締法		
鳥獣の保護及び狩猟の適正化に関する法律	平15. 4. 14	

参考資料2　各地山補強土工法と従来工法の比較

参考表-2.1　地山安定化工法におけるネイリングと従来工法比較

			ネイリング		安定勾配での切土		もたれ擁壁		グラウンドアンカー	
適用範囲	土質	崩壊しやすい岩盤	◎		−	安定勾配1:0.5～1:1.2	△	切土施工時困難	○	逆巻きで対応可能
		砂質土	◎		−	安定勾配1:0.8～1:1.2	△	切土施工時困難	○	同上
		未固結粘性土	△	軟弱粘性土では無理がある	−	安定勾配1:0.8～1:1.2	△	切土施工時困難	△	
		崖錐性堆積土	○		−	安定勾配1:1.0～1:1.2	△	切土施工時困難	○	同上
		砂礫・礫質土	△	転石混じりは削孔困難	−	安定勾配1:1.0～1:1.2	○		○	同上
	斜面勾配	1:1.0以上	○		○	硬岩であれば可能	○		○	
		1:0.5～1:1.0	○	施工に手間がかかるが、実績多い	×	一般に不可能	△	切土施工時困難	○	同上
	斜面高	0～10m	◎		△	低い面のみ可能	○		○	
		10～15m	○		×	安定上無理	×	構造上無理	△	
		15～20m	△	長大斜面に適用した事例あり	×	安定上無理	×	構造上無理	×	
		20m以上	△	長大斜面に適用した事例あり	×	安定上無理	×	構造上無理	△	
制約条件	設計基準の整備状況		△		○	設計基準あり	○	設計基準あり	○	学会等基準あり
	湧水箇所での施工性		△	地下水の多い場合は困難	×		△		△	
	上部空間	クレーン高無し	◎		○		○		△	
		バックホー高あり	◎		○		○		△	
		バックホー高無し	◎		△		○		×	
	用地境界近傍での適用性		○		△		○		△	打設長が長く問題ある
	狭い作業スペース(幅)での施工		○	樹間内での施工が可能	△		○		△	
	気象条件	雨天施工	△		×	雨天時は施工不可能	△		△	
		凍結地での施工	△	凍上融解による影響あり	△		△		△	
安全性・信頼性	施工時の周囲への影響	振動・騒音	○	振動騒音対応した施工機械で問題ない	○		○		○	
		安全性	○		△	切土時の崩壊の危険性大	○		○	安全性・信頼性高い
		変形	○		△		○		○	
	工法の信頼性	変形抑制効果	△	変形とともに抵抗力が発揮されるため抑制効果は小さい	○		○		○	抑止力大きい
		材料の耐久性	△	歴史が浅いためデータが少ない	○		○	実績多い	△	新素材は除く
		表面の風化防止	○	樹木・下草の影響で樹皮よりは風化劣化は小さいが、表面材による	×		○		○	
		地震時の安定性	◎		△		△		◎	
	地下水環境への影響	地下水汚染	○	地下水汚染で問題になった事例はない	○		○		○	
		止水性	○		−		○	基本的に背後に滞水しない構造とする	○	基本的に背後に滞水しない構造とする
施工性・実績	施工精度		○	樹間内という環境下でも精度良く施工可能						
	施工の容易性		○	施工が容易、材料軽量	○		△	既往構造物なので施工精度高い		
	施工速度		○	削孔能力に左右される	○		○		○	
	行程の自由度	増し打ち対策	○	足場がある程度必要、削孔手間・グラウト硬化時間がかかる	○		○		○	
	施工実績	施工実績	△	少ない	◎	非常に多い	○	多い	○	
		施工業者	△	熟練、経験が必要	◎	どの業者でも可能	○	どの業者でも可能	○	
経済性		直接工事費	○		◎		○		△	
		補助工法を必要とせず	○	表面工や他工法との組み合わせあり	○	法面保護工必要	△		△	
森林環境保全	樹木等生態系保全		◎	樹木・生態系を破壊することはなく、動植物に悪影響を及ぼした事例はない	×	樹木伐採、その場固有の植物除去・動物移動障害	△	いが、段差が生じ、小動物の移動障害	△	ある程度の樹木伐採必要
	森林土壌保全		◎	森林土壌を除去する必要がない	×	土壌除去	△	ある程度除去	△	除去

参考表-2.2　切土安定化工法に用いる場合の地山補強土工法比較表[1)]

◎：最も適している、最も適用例が多い
○：適している、適用例が多い
△：適用に当っては充分な検討が必要である
×：適していない、適用例は殆ど無い
－：比較できない(選定の対象とならない)

項目（備考） ＼ 工法区分(民間工法)			「Nailing」鉄筋補強土工法		Dowelling〔ラディシュアンカー工法〕		Micropiling〔ルートパイル工法〕	
工法の特徴			細径補強材による補強土工		太径補強材による補強土工		細径杭による補強土工	
適用範囲	土質（急勾配のり面の場合）	崩壊し易い岩盤	◎		×		○	
		砂質土	◎		○	盛土（余り密でない）の場合、有利	◎	
		未固結粘性土	△	軟弱粘性土は無理である	◎	軟弱粘性土では特に有利	○	補強材長が長くなる。補強材本数が多くなる
		崖錐性堆積土	○		△		○	
		砂礫・礫質土	△	転石混りは削孔が困難	△	転石混じりには小径で対応可能	△	転石混りの場合、削孔費が高くなる
	のり面勾配	1：0.5以上	○		○	通常は直立が多い	○	
		1：0.5～直立	○	十分可能であるが、施工の手間がかかる	◎		△	
	のり面高	0～10m	◎	十分可能であり、実績が多い	◎	十分可能であり実績が多い	◎	十分可能であり、実績が多い
		10～15m	○		○		◎	
		15～20m	△	地盤が良い場合のみ可能（軟岩，中・硬岩）	－		○	
		20m以上	△	勾配が緩く地盤が良い場合は可能（道路公団では実績が多い）	－		△	
制約条件	設計基準の整備状況		△		○		△	研究会内部での基準
	湧水箇所での施工性		△	地下水（湧水）の多い場合は困難	×	地下水(湧水)の多い場合は薬注等の補助工法必要	×	
	上部空間	クレーン高無	◎	クレーン高は必要ない	◎	クレーン高は必要ない	◎	クレーン高は必要ない
		バックホウ高有	○	バックホウ高があれば可能	○	バックホウ高があれば可能	○	バックホウ高があれば可能
		バックホウ高無	△	手作業となるが可能	△		△	
	用地境界近傍での適用性		◎	かなり少ない用地幅で可能、アンカーに比べると打設長が短い	○	大径のため打設長が相当短くでき、用地幅が少なくてよい	◎	
	狭い作業スペース（幅）での施工性		○	既設構造物と最低2mが必要	○	既設構造物と最低3m必要	○	標準は4.5m
	気象条件	雨天施工	△	雨天施工は困難	△	多少の雨でも施工可能	△	削孔は可能である（吹付はできない）
		凍結地での施工	△	実績が少ない	△	実績が少ない	△	実績が少ない
安全性・信頼性	施工時の周辺への影響	振動・騒音	○	少ない	○	少ない	○	少ない
		安全性	○	地山を補強しながら掘削を行なうので安全	○	事前削孔せず、振動撹拌式の補強であり、安全，事前の抑止杭で安全確保	○	施工時の安全性も高い
		変形	○	計測施工により変形抑制対策が容易にとれる	○	営業線下で列車走行中での施工においても変形は極めて小	○	変形量は少ないが、予想は困難
	工法の信頼性（一般的な条件の場合）	変形抑制効果	△	工法選定の的確さで決まる。一般的な配置では大幅な安全率の向上は見込めない	○	施工後、仮土留のほぼ数年放置状態でも変形は小	△	施工後の経時的な変形は少ない
		材料の耐久性	△	歴史が浅い為データが少ない	○	コラム体は過去十数年建築構造物に使用実績有り問題無い	△	国内では30年以上経過した実績は無い（最長25年）
		のり面の風化防止	○	のり面工による	○		○	
		地震時の安全性	◎	実績から安全性が高いと言えるが、評価法がまだ無い	◎		◎	
	地下水環境への影響	地下水汚染	○	地下水汚染で問題になったケースは無い	○	機械撹拌方式のため汚染の心配ない	○	地下水汚染で問題になったケースは無い
		排水性	○	基本的には背面に滞水させない構造とする	○	基本的には背面に滞水させない（排水パイプにて処理可）	○	基本的には背面に滞水させない構造とする
施工性・実積	施工精度		○	重機による切土の施工程度	○	重機による切土の施工程度	○	
	施工の容易度		○	施工が簡単（削孔径が小さく、緊張も無い）、材料が軽量	○	施工は簡単（緊張が無い）、材料はFRPのため軽量	○	
	施工速度	一般	○		○	径が大きいため配置密度が小さく、工期が短い	○	
	工程の自由度	増し打ち等の対策	△	足場が必要で、削孔手間や、グラウト硬化に時間がかかる	△	機種によっては切土後でも容易	△	
	施工実績	施工実績	△	少ない	△	抑止杭（撹拌混合杭，親杭）との併用で実績あり	△	少ない
		施工業者	△	特殊（熟練，経験が必要）	△	少ない	△	施工管理に経験を要す
経済性		直接工事費	○		○	粘性土や緩い地盤、隣地幅小の場合特に有利、同一機械を使用して抑止杭の打設可能、トータルでは更に有利	○	
		補助工法を必要とせず	△	のり面保護工を必要とする場合が多い	△	崩壊地盤に対しては抑止杭を連結することにより施工可能	△	長期構造物にはのり面工を構築する
美観		緑化可能か	○	のり面の緑化が可能	△		○	切土の減少による緑生の保護
		のり面処理の容易さ	○	化粧ブロック等の使用が可能、自由度が高く、種々の形態を選択できる	○	化粧型枠によるのり面工が可能	○	化粧型枠によるのり面工が可能
設計	抵抗メカニズム			補強材に発生する引張力による締付け、引き止め力を抵抗力として設計する。		従来の地山補強土と比べて、アンカー径が大きい分、摩擦が大きくなる。		打設したパイルの頭部をキャッピングビームで連結させることで、パイルを打設した地山は一体構造として挙動する。

参考資料-7

参考表-2.3 切土安定化工法に用いる場合の鉄筋補強土工と従来工法との比較表[1]

凡例:
◎ 最も適している、最も適用例が多い
○ 適している、適用例が多い
△ 適用に当っては十分な検討が必要である
× 適していない（適用の効果が少ない）
- 比較できない（適用に際し無い）

項目	工法区分(系統別) 土質等の特性		Nailing/鉄筋補強材による補強土工	簡易補強材による補強土工	安定勾配での切土	各種もたれ擁壁(コンクリート等)	グラウンドアンカー
適用	土質	崩壊し易い礫質土	安定勾配は困難である	軟岩粘性土は施工困難である	安定勾配 1:0.5〜1:1.2	切土施工時困難	逆巻き工施工可能
		未固結粘性地盤土	○	△	安定勾配 1:0.8〜1:1.2	同上	同上
		風化性地盤岩	○	△	安定勾配 1:1.0〜1:1.2	同上	逆巻き工施工可能
		砂質・礫質土	△	×	安定勾配 1:1.2	同上	同上
	のり面勾配	1:0.5以上	転石混りは削孔が困難	粘性土であれば可能	△	切土施工時が困難	同上
	のり面高	0〜10m	十分可能であるが、施工の手間がかかる	十分可能であり、実績が多い	一般には不可能	安全性、経済性は高い	学会の基準あり
		10〜15m	十分可能であり、実績が多い	低いのり面の場合のみ可能	構造的に問題	同上	同上
		15〜20m	地盤が良い場合のみ可能 (軟岩中〜硬岩)	安定上問題	×	設計基準あり	
		20m以上	勾配が緩く整備の良い場合は可能(運送公団で実績多い)	安定上問題	×	設計基準あり	
設計基準			○	×	○	○	○
湧水箇所での施工性			地下水(湧水)のあいる場合は困難	クレーン高は必要ない	設計基準あり	○	○
上部空間			クレーン高は必要である	バックホウ高さが必要	−	−	学会の基準あり
狭小空間スペース(幅)での施工性			バックホウ等が可能	手作業となり可能	−	−	抑止力が大きい
気象条件			かなり少ない用地幅で施工可能 アンカーに比べると打設長が短い	既設構造物と約2m必要	崩土量、勾配施工できない	実績が多い	新素材は続く
施工時の損傷			雨に弱い工法であ	用材あれば施工できる	土質、切土高、勾配施工できない	○	打設長が長く(問題あり)
			少ない	降雨の影響少ない	−	−	−
安全性			山出を軽減しながら掘削を行うので安全	崩土と雪の危険性大	安全性、経済性は高い	逆巻き施工の時	
周辺への影響			計画高さ的に切土量が少なくてすむ	計測器の設置可能段階一般的制限に対策的でを少なくをよくとれる	施工機振動は比較的少ない	−	基本的な背面に滞水がない構造は行
工法の継続性			工法の選定が容易であるし、一般的改変施工は補充安全車何の比較見られる	施工方法による	−	−	−
材料の耐久性			のり面による	−	基本的な背面に滞水がない構造は行	片側条式、控え壁の工程は難しい	
地下水等の制御			地下水処理が安全性が高いと考えるが、評価法は無い	基本的には背水処理が必要	基本的には背面に滞水がない構造は行	条件によって異なる	
地震時の安定性			地下水処理が遅いケースが多い	−	−	−	−
施工の条件			急傾斜地でも施工可能	農地による	施工は一般に容易	実績が多い	
施工性			施工による	−	切土押え(盛土工事)少	−	−
施工の容易度			施工が安全でありやすい	のり面が小さい	切土計画の見直しが必要	○	
施工の自由度			足場が無要で、削孔も手配可、グラウトも能力も確認が不要	−	非常に多い	○	多い
工程の短縮			少ない	のり面変化に容易応	−	−	−
施工実績			−	−	ほとんどの要素でも可能	条件により異なる	−
経済性			のり面保護工を必要とする場合が多い	のり面保護工を必要する	切土高が高くなるとほぼ不経済となる	重力式は背面水切容易く要	引張力材料先端部アンカー体を仕様
補助工法も必要とする			化粧のり面の使用が可能、自由度が大、すべり止め斜面	のり面保護工による斜面付、引止力を低める工	面積に集中する場合は、やすり止めを設ける		

抵抗メカニズム:
引張材外周摩擦部分アスファルト体を仕様する。引張材料は直径、転倒に対する安定性を考慮して設計する。

※土壌については、急勾配で切土をした場合を条件とした。○×の評価とした。
※のり面高については、土砂地盤であることを条件とした。○×の評価とした。
※のり面高については、土砂勾配で切土した場合を条件として、○×の評価とした。

参考表 -2.4 切土安定化工法に用いる場合の鉄筋補強土工と従来工法との比較表（その1）[1]

※ 親杭矢板、連続地中壁、柱列壁は目型鋼あるいはグランドアンカーで支保するのを標準とする。

工法区分(凡例記号) 項目	項目の特徴	鉄筋補強土工法 [Nailing] 補強機材による補強工法	鋼矢板、連続地中壁等 鋼材による補強工法	地中連続壁による山留工法米	親矢板による山留工法米	柱列壁	摘要
適用 土 質	中～硬岩	◎	×	×	×	×	◎:飛も適している、最も適用例が多い
	崩壊し易い岩等	◎	△	○	○	○	○:適している、適用例が多い
	砂質土	◎	○	◎	◎	◎	△:適用に当っては十分な検討が必要である
	粘性地盤	×	○	◎	◎	◎	×:適していない、適用例が殆んどない
	砂礫・玉石	△	△	△	△	△	-:比較できない(適用の対象とならない)
掘削句配	1:1.0以上	軟岩粘性土は無理である	転石混りは削孔困難	山留立込みのコスト高	鉄矢板建込みのコスト高	通常は直立	
	1:0.5～1:1.0	同 上	同 上	通常は直立	通常は直立	同 上	
	1:0.5以下	1:0.3～1:0.5の配が殆んど厳しい場合	同 上	同 上	同 上	同 上	
	直 立	十分可能であるが施工の手間がかかる	同 上	同 上	同 上	一般的に深い山留工に用いる	
掘削高	0～5m	十分可能であり実績が多い	実績多い	同 上	同 上	同 上	
	5～10m	同 上	同 上	同 上	同 上	一般的深い山留工に用いる	
	10～20m	地質が良い場合は（中～硬岩、崩壊し易い地盤）	条件が良い場合は可能	同 上	同 上	同 上	
	20～30m(改良併用)	同上条件、同地質条件良い場合は可能（連続公園では途中継発がない）	同上	実績多い	実績多い	実績少ない	
	30m以上	実績が少ない、あるいはない	実績多い	設計事例あり	設計事例あり	設計事例あり	
設計基準の整備状況		少ない	クレーン周辺は必要ない				
通水圏近所での施工性		地下水(湧水)の多い場合は困難	クレーン周辺は必要ない				
狭 上 部 空 間	バックホウ系の使用	計画段階で充分な配慮が必要				施工期間が長い、周辺への影響も多い	
	バックホウ系の施工高	手作業となるが可能				柔剛性がある	
狭い作業スペース(輻)での適用性		かなり小さい用地幅でも施工可能。アンカーに比べると打設長が短い		切梁により限定される	切梁により限定される		基礎杭体構造物近接に利用可能
地中境界条件(地下越境)での施工性		既設構造物、高圧との離隔2m必要		多くの所天々で施工	多くの所天々で施工		長期に放置する場合などは特に同様のデータが少ない
特殊条件(湧水雨天)		用天滑工は困難		用天滑工は困難		用天滑工は困難	特に同様のデータが少ない
従来条件		実績は比較的多い					実績から安全性評価が可能
施工時の安全	周辺への安全	山止を補強しながら掘削を行なうので安全					比較的影響小さい
	変形の制御	計画段階より変形抑制対策が容器にとれる					他の曲行期は対策が必要
	変形制御効果	工法選定的時に比較し、一般的な配置では大幅な安全向上に見込める					固化的により地盤安全性が得られる
工法の材料の耐久性		歴史が浅りデータによる					長期に放置する場合など特に同様のデータが少ない
信頼性 地盤の安定性		現在から保全可能と言える、判断治向は難しい					実績から安全性が高い評価
地下水環境への影響		地下水影響が特例ケースは無い					固化的により固化変更必要
止 水 性		のり面による					止水性はシートパイルで確保
施工実績		施工事例から多少ある	実績がかなり多い	他工法に比べて工期が短い	他工法に比べて工期が短い	施工的問題がある	地中連続壁に比べるとやや早い
工期短縮性	一 般	施工が簡便で、耐久手間が短く短かい	他工法に比べて工期が長い	切梁の増設は比較的容易	切梁の増設は比較的容易	地中連続壁の増設容易	
工法の自由度	切土等の対策	足場が必要で、耐久手間や、グラウト効果に時間がかかる	ほどの変化でも可能		多い	多い	
実工期	実工で1,000m以上	特殊(熱量、経験必要)	特に本格的にな変数	一般に簡易的な構造	一般に経済的な構造	柱列壁は必要と同等性ある	地中連続壁に比べると高価
経済性		のり面施工を必要とする場合が多い				柱列壁工法は他に比べ土圧を受け持つ	止水壁は必要と同等性ある
設計	抗打法(モメント)	のり面補強工を引張力のみによる単純だ、引止力にも若干期待	用土計施工は非常に主上粘、同上、斜め切取張力張り			柱列壁は施工断面により土圧を受け持つ	

参考資料-9

参考表-2.5 切土安定化工法に用いる場合の鉄筋補強土と従来工法の比較表（その2）[1]

項目	工法区分(補強土) 工法の特徴	鉄筋補強土 (Nailing)	簡易補強工による補強土工法	混合改良	注入工法	混合改良(注入した場合は補削付き場合)※
適用範囲	中・硬い岩盤	◎	◎	×	○	△
	崩れ易い岩盤	◎	○	×	○	○
	軟弱な岩盤	○	△	○	△	○
	腐植性滞積土	△	×	○	△	○
	砂礫・礫質土	△	○	△	△	○
掘削勾配	1:1.0以上	○	○	○	○	○
	1:0.5～1:1.0	◎	◎	○	○	○
	1:0.5以下	◎	○	△	△	○
	直立	○	△	×	△	△
掘削高(改良深さ)	5～10m	◎	◎	○	○	○
	10～20m	◎	○	△	△	○
	20～30m	◎	△	△	△	○
	30m以上	○	×	×	×	△
制約条件	設計・施工の難易	◎	◎	△	△	△
	湧水箇所での施工	◎	○	×	×	△
	上部空間	◎	○	△	○	○
	狭い作業スペース	◎	○	△	○	△
	用地境界近接施工	○	○	△	△	○
	気象条件への影響	○	△	△	△	△
	凍結地での施工	△	×	×	×	×
安全性・信頼性	施工時の安全	◎	○	△	△	○
	周辺への影響	◎	○	△	△	○
	地下水環境	○	○	×	×	○
	地下水汚染	◎	○	×	×	○
	地盤の変状防止	○	△	△	△	○
施工性	施工精度	○	△	△	△	○
	施工速度	○	△	△	△	○
	工期	○	△	△	△	○
経済性	直接工事費	○	○	△	△	○
設計	補助工法を必要とする	△	△	○	○	○

◎：最も適している、最も適用例が多い
○：適している、適用例が多い
△：適用によっては充分な検討が必要である
×：適していない、適用例が少ない
※：比較できない(設定が困難に推定される)

参考文献

1) 地盤工学会：地山補強土工法に関する研究委員会報告，地山補強土工法に関するシンポジウム論文集,pp.17～27, 1996.

参考資料3　自然斜面に適用した地山補強土工法について
－柔な表面工の効果及び曲げ・せん断補強に関して－

　地山補強土工法のうち比較的新しい用途である地山安定化工法は，主に治山事業や急傾斜地崩壊対策事業において自然斜面の崩壊対策として使用されることが多い。近年では道路・鉄道においても採用されるようになってきているものの，自然斜面を対象とした地山補強土工法に関する基準等はほとんどなく，切土・盛土のり面を対象とした基準がそのまま準用されている場合が多い。

　なお治山技術基準[1)]では補強土工としてワイヤ連結型鉄筋挿入工，急傾斜地崩壊対策基準[2)]では法枠と組み合わせた地山補強土工法が紹介されている。平成17年に「緑の斜面づくり事例集」[3)]が(財)砂防地すべり技術センターから発刊され，樹木を残して斜面対策を施す場合の考え方が示されている。

　一般に自然斜面では樹木根系によって斜面の安定化が図られていることは，よく知られており，また樹木根系が侵入する地盤は，N_d値が20程度以下（N値が7～10以下）であることから自然斜面の地盤が軟弱であることが明らかである。したがって自然斜面で適用する地山補強土工法は，周面摩擦が確保しにくい軟弱な地盤が対象となる。このような地盤条件に対しては，本編にも記載されているように，補強材径を大きくするか連続した剛な表面工を使用しなければならないため，樹木を残して斜面を安定化するという条件を満足することが難しい。そこで，独立支圧板や独立支圧板とワイヤやネット等の柔な材料との組み合わせによる表面工効果に関する調査研究や，これまで考慮されていなかった補強材の剛性による抵抗力の評価に関する調査研究が行われるようになってきている。

（1）柔な表面工の効果

　ワイヤやネット等の柔な材料による表面工には，「押さえ込み効果」「引き留め効果」の効果があると考えられている。

①押さえ込み効果

　軟弱地盤の敷き網工と同様の効果によって，ネットなどに張力が生じ，その際に押さえ込み効果が生じる（**参考図-3.1 参照**）[4)]。

　この押さえ込み効果は，道路基準の表面材と同様に，押さえ込み力とすべり土

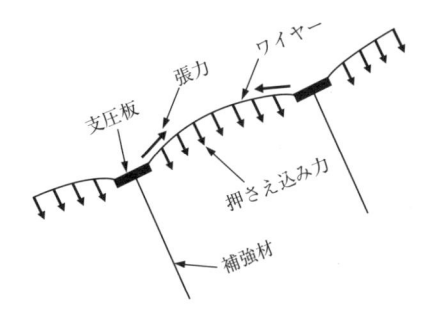

参考図-3.1 ワイヤやネット等の柔な材料による押さえ込み効果模式図

塊の許容周面摩擦抵抗の総和がすべり土塊の許容引抜き抵抗力として表わせるものとして，**参考図-3.2** に示す道路基準の「表面工係数（Facing factor）：f_a」を用いたのり面工低減係数（T_0/T_{max}）で評価されている。

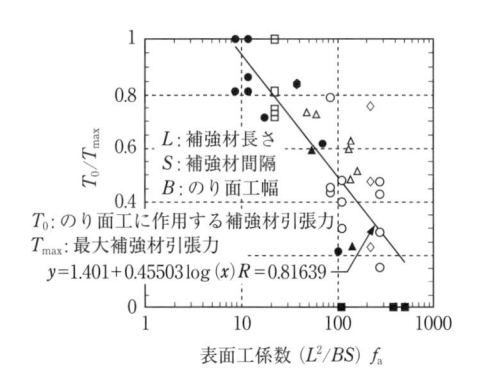

参考図-3.2 表面工係数f_aとのり面工低減係数（T_0/T_{max}）との関係[6]

一般的に，ワイヤやネットの効果は15cm〜30cmの大きさの独立支圧板との組み合わせによってT_0/T_{max}の値が0.4〜0.8の値で示されていることが多い。

またワイヤやネットの設計は，落石対策のネットやワイヤと同様に，サグ（地盤へのめり込み量）が補強材間隔の10％の状態で生じる張力に対して，材料が許容値内であればよいとする方法が一般的に行われている。なお最近では，押さえ込み効果を積極的に発現させるためには，表面工にあらかじめプレトレスを与えた場合

の表面工の効果に関する長岡らの研究[7]もある。

②引留め効果

自然斜面のすべり土塊が移動する際に，ワイヤやネットによって補強材頭部の回転を抑制して，土塊の移動を引き留めて，土塊の変形を抑制しようとする効果である。

地盤が緩い場合の崩壊や降雨や地震時には移動土塊が一体とした挙動をしないことから，補強材頭部をワイヤやネット等を設置することにより一体化させる効果が生じる。このような検証は，石堂末吉ら[8]，松本ら[9]，安川ら[10]等による実験で確認されているが定量的な評価にはいたっていなかった。

最近では，一部の工法で，この引き留め効果に関する評価を定量的に行い，前述した表面工による軸力増加効果，補強材のせん断抵抗と組み合わせて斜面の安定性評価を提案している[11]（**参考図-3.3 参照**）。

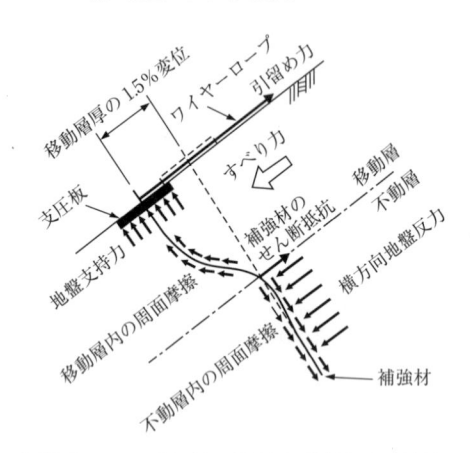

参考図-3.3　引き留め効果を考慮した評価例

（2）補強材のせん断・曲げ補強効果

補強材の剛性によるせん断・曲げ補強効果については，本文中で説明されているので省略するが，自然斜面や切り土のり面から回収された補強材の変形モードから推定することができる（**参考図-3.4**）。

また**参考図-3.5**は，移動土塊が緩い条件ですべり面に垂直に設置した補強材の模型実験の状況であるが，補強材頭部に支圧板（表面工）がないと，補強材頭部が回転して土中にめり込んでしまうが，支圧板を設けてある場合は，補強材が

(a) 自然斜面より回収

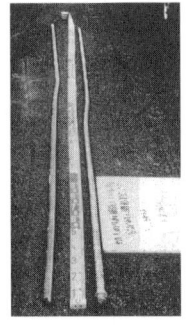

(b) 切土のり面より回収

参考図-3.4 回収した補強材の変形状況

(a) のり面工（支圧板）がない場合　　(b) のり面工（支圧板）がある場合

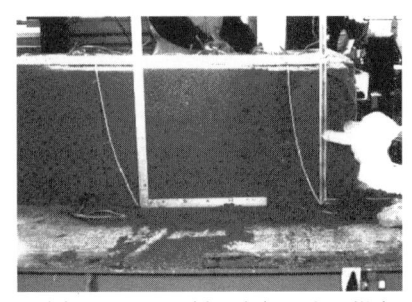

参考図-3.5 のり面工の有無による補強材の変化状況の違い

曲げ変形していることがわかる。したがって，地すべり抑止杭と同様に曲げ変形によって生じる補強材の曲げ・せん断補強を期待できると考えられるが，調査研究が少ないのが現状である。

なお曲げ・せん断補強の観点からの調査研究については，フランスの設計法，Jewell等の方法，近藤等の弾性支承上の梁の方法とスライスの変位を考慮した方法のほか，くさび杭の考えを導入した中村ら[11]の方法が挙げられる。

ところで**参考図-3.6**は近藤による軸力と曲げによる複合基準の概念を整理したものである[12]。縦軸が軸力，横軸が曲げ補強力を示し，①が補強材の剛性による補強材の能力線，②が注入材の能力（引き抜き抵抗）を示している。引張り補強だけで評価する場合は，②の線と軸力の線との交点Bで評価される。Jewellの

方法では，軸力を点Bで評価し，線分ABすなわち点Cで曲げ補強力を評価するものであり，点Aにおける補強力を期待する方法である。

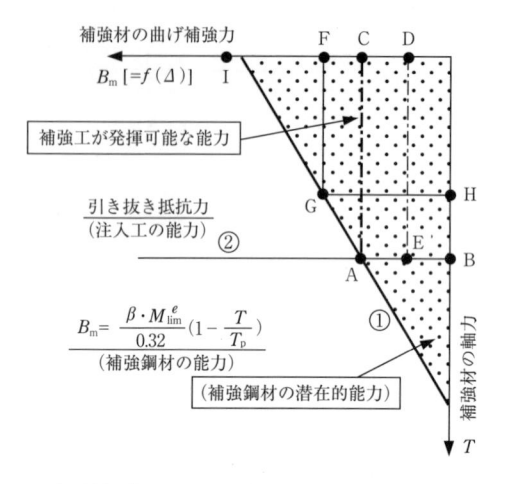

参考図-3.6 個性解析における補強工1本当たりの複合基準[12]

このように，②の線の位置により曲げ補強力が変化することがわかるが，軸力が確保しにくい場合には曲げ補強力（せん断補強力）の割合が増加するという結果と同一の結果を示している。地盤強度が小さい場合は横方向反力が小さいため移動土塊の変形によって補強材は回転するが，表面工（支圧板）があることにより補強材頭部の回転が抑制され，補強材が曲げ変形をすることから，補強力の評価をする際の表面工の役割は大きく，その効果の面からも評価していく必要があると考えられる。

このような観点からの評価を行うことが今後の課題の一つとして挙げられ，このような評価を行うことで地山補強土工法の変形を考慮した合理的な設計法が確立できるものと期待される。

参考文献

1) 林野庁：治山技術基準解説　総則・山地治山編，pp.297～299，2009．
2) 国土交通省河川局砂防部：新・斜面崩壊防止工事の設計と実例－急傾斜地崩壊防止工事技術指針－，pp.204～218，2007．

3) (財) 砂防・地すべり技術センター：緑の斜面づくり調査・設計－緑の斜面工法整備の事例集－, 2005.
4) 国土交通省国土技術政策総合研究所：がけ崩れ災害の実態, 2009.
5) 例えば, 楠見晴重, 岩井慎治, 福政俊浩, 北村善彦：景観・樹木に配慮した自然斜面の安定工法に関する基礎的研究, pp.671～676, 第11回岩の力学国内シンポジウム講演論文集, 2001.
6) 東日本・中日本・西日本高速道路：切土補強土工法設計・施工要領, 2007.
7) 長岡慶幸, 鍋島康之, 川尻陽平, 木越政司：表層拘束効果を有する地山補強土工法の補強機構に関する実験的考察, 第40回地盤工学研究発表会講演集, pp.237～238, 2005.
8) 石堂稔, 永吉亨, 堀正光, 堀田典, 黒瀬正行：補強材で強化された斜面の安定に関する模型実験, 第19回土質工学研究発表会, pp.1317～pp1318, 1984.
9) 松本政夫, 落合英俊, 林重徳, 大中英揮：鉄筋による切土斜面の補強効果に関する実験研究－土砂層が薄い場合の頭部プレートおよびのり面処理工の効果－, 第22回土質工学研究発表会, pp.1379～1382, 1987.
10) 安川正春, 金子恵二：鉄筋による切土のり面補強工法の模型実験と施工例, 日本道路公団試験所報告, pp.8～16, 1982.
11) 中村浩之, Nghiem Minh Quang, 井上孝人, 岩佐直人：自然斜面に適用した鉄筋挿入工法の安定メカニズムとその適用例, 豪雨時の斜面崩壊メカニズムおよび危険度予測に関するシンポジウム発表論文集, pp.149～156, 2003.
12) 近藤観慈：補強材の曲げ補強に関する議論と各方法の比較, 小口径鋼管を用いた斜面補強システムに関する共同研究報告書（その3）, pp.15～29, 2003.

参考資料4　地山補強材の引抜試験データの収集，整理結果

（1）はじめに

　地山補強材の許容引抜き抵抗力（極限周面摩擦抵抗力＝地山補強材の定着材表面と地山間で発揮される摩擦特性）は，地山の特性のばらつき，施工のばらつきの影響を大きく受け，未解明な部分が多い。さらには，地山補強土工法の現場において日常の品質管理としての引抜試験（品質保証試験）は実施されるが，極限状態における周面摩擦力度を評価するためには載荷能力の高い試験装置が必要となり，実施事例は少ないのが現状である。そのため，「5章　設計」で示したように設計実務において極限周面摩擦抵抗力度は，補強材に作用する拘束圧から算出する方法，地盤別の推定値を用いる方法の2通りの方法が用いられることが多い。

　そこで，本検討委員会では，地山補強材の極限周面摩擦抵抗力度の評価を行うために，国内で施工されている地山補強土工法の施工報告書等の文献調査により，引抜き試験データの収集を行った。また，関係機関に極限状態まで載荷する引抜試験の実施を依頼し，データを提供していただいた。本参考資料は，収集した引抜試験データを取りまとめたものである。

（2）収集した引抜試験データについて

　収集したデータ数は238データ（ネイリング200データ，マイクロパイリング2データ，ダウアリング36データ）であったが，地山に関する情報（地山の土質やボーリング調査データ等）や地山補強材に関する情報，載荷試験条件が明らかでない試験データも数多く存在したため，報告書の追跡調査や試験担当者への聞き取り調査を行った。その結果，地山・補強材情報，載荷試験条件が明らかなデータは167データ存在し，そのうち極限状態まで載荷している試験は19データ存在した。当初予想されたように，施工現場において補強材の所定の性能・品質を確認する「品質保証試験」は必ず実施されるが，極限状態まで載荷を行う「調査設計試験」のデータは少なかった。そのため，データ数の少なさを補間するための措置として，極限状態まで載荷を行っていない試験データについても，補強材径の10%（$0.1D$）まで載荷を行っているデータにつ

いては 10% 変位時点を極限状態と定義し，$0.05D \sim 0.10D$ まで載荷を実施しているデータについては荷重－変位関係を $0.10D$ まで外挿し，極限周面摩擦抵抗力度を推定した．

なお，収集したデータの中には定着材（セメントミルク）を加圧注入する工法も含まれていたが，加圧注入をした場合には削孔径に対して地山補強材径が大きくなる可能性があるため今回のデータ整理では排除している．一方，加圧注入されたものでも，試験後の掘り返し調査により補強材径を計測しているものについては，データ整理に含んでいる．

以上より，極限周面摩擦抵抗力度の評価に用いることができる試験データとして 49 データ（砂礫 20 データ，砂 16 データ，粘性土 13 データ）収集することができた．

（3）引抜試験の実施事例

ここでは鉄道の切土工事現場において実施された引抜試験結果の事例（**10 事例**）を示す[1]．

引抜試験は**解説図-7.1** に基づき，油圧制御の載荷試験装置（油圧ジャッキ）を用いて実施された（**参考図-4.1 参照**）．

参考図-4.1　引抜試験の実施の様子

載荷によりロックボルト周辺の拘束圧が増加する影響をできるだけ排除するために，ロックボルトから左右1.2m離して設置したH鋼に載荷試験装置を支持させ，試験体周辺の吹付コンクリートを除去した。**参考表-4.1**に試験条件の詳細を示す。載荷試験は約7kNの初期荷重を与えた状態から開始し，鉄筋の破断強度（D22：131kN，D25：169kN）の90％程度を最大載荷荷重として多サイクル載荷試験を実施した。各載荷ステップにおいては約5分間，荷重を保持した。

　参考図-4.2にCase1, 2, 3, 7の載荷荷重−変位関係の一例を示す。図中には鉄道基準[2]に基づいて算出した極限引抜力の計算値を示している。この計算値は地山の設計用値（c, ϕ, γ）と，引抜試験を実施した場所における土被り厚（ロックボルト定着部分の中央部における土被り厚）から算出したものである。また，試験で得られた極限引抜力の実験値を**参考表-4.1**の最右列に示す。

参考表-4.1 ロックボルト引抜試験の試験条件と実施結果

ケース名	鉄筋	削孔径(mm)	ロックボルト長(mm)	定着長(m)	計画最大荷重(kN)	ロックボルト定着部周辺の地質・設計用値				極限周面摩擦力(kN)		実験値
						地質	c (kPa)	ϕ (°)	γ (kN/m³)	鉄道基準 計算値	道路基準 計算値	
Case1	D22	90	4.5	1	120	頁岩・砂岩チャートの互層	150	21	19	52	79	120
Case2			4.0									55
Case3			5.0									引抜けず
Case4			4.5									引抜けず
Case5	D25				160					77	118	
Case6												
Case7	D22	65	1.5	1.5	120	風化頁岩(D〜C_L岩盤)	200	30	19	43	74	44
Case8										67	153	引抜けず
Case9												
Case10												

　Case1では，載荷荷重の増加と共に荷重保持時のクリープ変形が顕著になったものの引抜耐力の計算値（52kN）に至っても引抜けることはなく，最終的には120kNでロックボルトは引抜けた。Case2はCase1からわずか3m離れた場所において，地山の破砕帯近傍で実施したが，55kN程度でロックボルトは大きく引き抜けた。Case3では最大載荷荷重に至ってもロックボルトは引抜

けることはなく，同様の傾向は Case3 〜 6，Case8 〜 10 においても見られた。Case7 については，切土施工時において局所的に確認された弱層において実施した引抜試験であるが，44kN 程度でロックボルトは大きく引抜けた。また，Case1 においてロックボルトが引抜けた後に載荷荷重を一旦解放し，再載荷したところ，ロックボルトは大きく引抜けず，その時の載荷荷重－変位曲線の傾きは引抜け前の傾きと同レベルであった（**参考図**-**4.2**，Case1 の△印）。これらの試験結果から以下が考察できる。

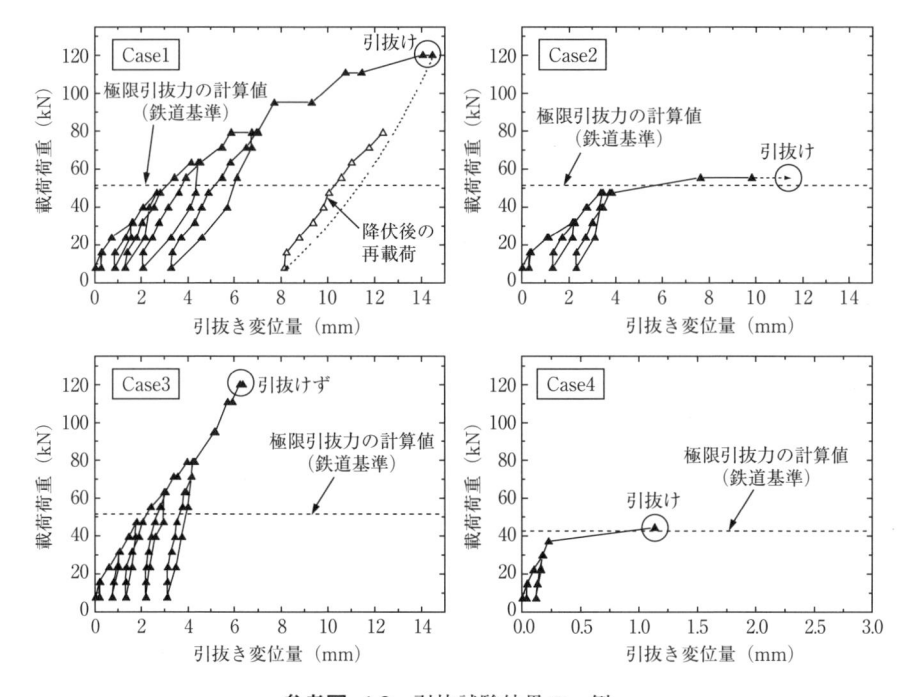

参考図-**4.2** 引抜試験結果の一例

- 引抜耐力の実験値は計算値よりも大きく，計算値は引抜耐力の最低値（下限値）レベルを与えていると言える。これはロックボルトの引抜特性が定着材－地山の単純な摩擦力に加えて，周面の地山の受働的な抵抗分によって発揮されているためだと考えられるが，詳細については不明である。
- ロックボルトの引抜耐力はロックボルト周面のローカルな地山特性の影響を

大きく受ける（Case2 〜 7）。
・引抜け後の再載荷時にもロックボルトは引抜抵抗力を有していることから，ロックボルトが引抜耐力に至ることで地山全体が瞬間的に崩壊するわけではなく，ロックボルトで補強された地山は変形に対する粘り（靭性）を有していると想定される。

（4）収集したすべての引抜試験結果のまとめ

　参考図-4.3に，今回収集した引抜試験データのうち，砂礫地山および砂質地山（N値20 〜 40）において得られた極限周面摩擦抵抗力度を示す。また，**参考図-4.4**には，今回収集した全引抜試験データの極限周面摩擦力度と地山のN値の関係を示す。**参考図-4.4**中には，前述した地盤別の推定値（道路基準）[3]も示している。これらのグラフから以下が考察できる。

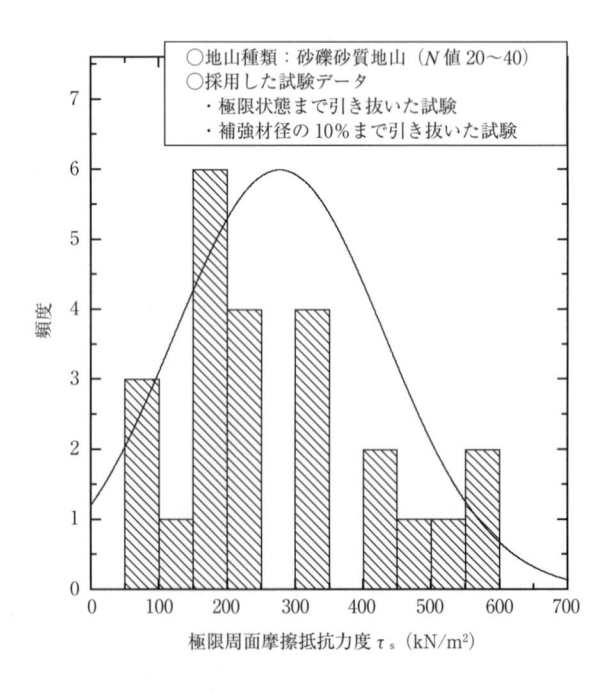

参考図-4.3　地山補強材の引抜特性の統計的評価の一例

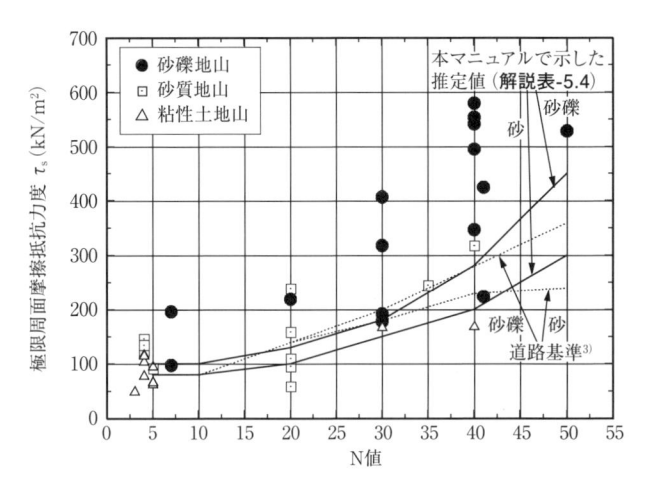

参考図-4.4 地山の種類に応じた地山補強材の抵抗特性の評価

・地山が同種であり，N 値が同レベルであっても極限周面摩擦抵抗力度のばらつきは大きい。これは地山補強材周辺のローカルな地山特性や施工のばらつきに加えて，載荷試験方法（補強材頭部の拘束条件）の影響に起因していると考えられる。

・測定値と地盤別の推定値を比較すると，測定値は礫地山と砂礫地山の差が大きい。また，地盤別の推定値は，測定値の下限値レベルを与えていることが分かる。

これらの結果を踏まえ，**参考図-4.4** に極限周面摩擦抵抗力度 $τ_s$ の推定値（5章，**解説表-5.4**）を示した。

（5）まとめと今後の課題

本参考資料では，地山補強材の引抜試験に関する文献調査や追加試験を行い，極限周面摩擦抵抗力度の推定値を示した。しかしながら，全 200 データのうち，地山・補強材情報，載荷試験条件が明らかであり，さらに極限状態まで載荷したデータは 49 データに過ぎず，データ数としては十分とは言えない。今後，さらなるデータ収集・追加試験を行い，地山種別毎の極限周面摩擦抵抗力度の統計的性質を評価する必要がある。また，地山補強材の引抜特性は載荷試験条

件（頭部拘束条件）の影響を受けると推測され，これについても今後検討する必要がある。

　さらに，ここでは地山補強材1本の引抜抵抗特性に着目し，得られた測定値の下限値レベルを極限周面摩擦抵抗力度の推定値として示した。本来であれば壁面工の剛性に応じて下限値レベル～平均値レベルの極限周面摩擦抵抗力度を地山補強土の安定計算に用いることができると考えられる。今後の研究に期待したい。

参考文献

1) 渡辺健治，舘山勝，山田孝弘，藤本清克：地山補強土工法による切土工事の施工事例および設計合理化の可能性について，地盤工学シンポジウム，Vol.54，2009．
2) 鉄道構造物等設計標準・同解説　土構造物，鉄道総合技術研究所編，2007．
3) 切土補強土工法設計・施工要領，東日本・中日本・西日本高速道路（株），2007．

参考資料-24

参考資料5　引抜き試験データシートの例

　地山補強土工法の引抜き試験に関して，試験結果の記録・整理の一例を以下に示す。

○地山補強材の引抜き試験データフォーマット

（記入方法）
・黄色セルを記入してください（最低限必要な部分）
・可能であれば黄緑セルも記入してください
・試験種別等は該当箇所を網掛けしてください

工法名	地山補強土木工法
補強材直径	90 mm
補強材長さ	1.5 m
設置角度	水平に対して　27°
芯材種別	全ネジ棒鋼　D25　SD345

試験種別	確認試験	極限試験
試験方法	単サイクル	多サイクル サイクル
計画最大荷重	160 kN	
制御方法	荷重制御	変位制御
載荷装置	センターホール型ジャッキ（300kN）	
荷重計測方法	ジャッキの油圧（検定済み）	
変位計測方法	ダイヤルゲージ	
変位計測位置	補強材表面	0 箇所
	チャック位置	1 箇所
	その他	0 箇所

（試験体1本当りの地層構成，設計上の極限周面摩擦抵抗力の算定に関して）

土質名称	N値	周面摩擦力度：τ	補強材長(m)	周面積(m²)	摩擦力(kN)
チャート、脆い砂礫層の互層	40	kN/m²	補強材：1.5m 定着部：1.5m	0.424	77.4
		kN/m²		0	0.0
		kN/m²		0	0.0
			試験体1本の設計極限摩擦力		77.4

（備考・考察等）
・極限周面摩擦抵抗力は鉄道基準で算出している。
　（φ＝21°，C=150kPa，γ＝19kN/m³ から算出）

（構造物断面および試験補強材）

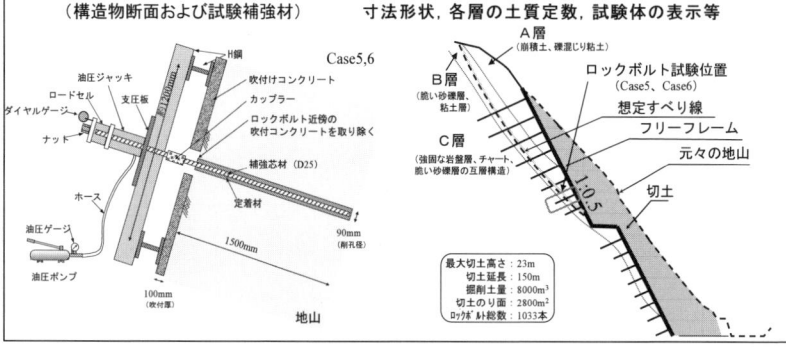

Case5,6
油圧ジャッキ
ロードセル
支圧板
ダイヤルゲージ
ナット
ホース
油圧ゲージ
油圧ポンプ
H鋼
吹付けコンクリート
カップラー
ロックボルト近傍の吹付コンクリートを取り除く
補強芯材（D25）
定着材
1500mm
90mm（削孔径）
100mm（吹付厚）
地山

（寸法形状，各層の土質定数，試験体の表示等）

A層（原積土、礫混じり粘土）
B層（脆い砂礫層、粘土層）
C層（強固な岩盤層、チャート、脆い砂礫層の互層構造）
ロックボルト試験位置（Case5、Case6）
想定すべり線
フリーフレーム
元々の地山
切土
1.0
0.5

最大切土高さ：23m
切土延長：150m
掘削土量：8000m³
切土のり面：2800m²
ロックボルト総数：1033本

○データシート記入例

載荷 サイクル	載荷 状況	載荷荷重 (kN)	変位 ゼロ調整後 (mm)	変位 生データ (mm)
第1サイクル	試験開始	7.43	0.00	0.71
	荷重増加直後	14.86	0.17	10.88
	5分保持	14.86	0.17	10.88
		7.43	0.13	10.84
第2サイクル		14.86	0.18	10.89
		22.29	0.27	10.98
	荷重増加直後	29.72	0.61	11.32
	5分保持	29.72	0.61	11.32
		22.29	0.60	11.31
		7.43	0.29	11.00
第3サイクル		14.86	0.29	11.00
		22.29	0.39	11.00
		29.72	0.83	11.54
		37.15	1.07	11.78
	荷重増加直後	44.57	1.24	11.95
	5分保持	44.57	1.24	11.95
		37.15	1.23	11.94
		22.29	1.15	11.86
		7.43	0.90	11.61
第4サイクル		14.86	0.93	11.64
		22.29	0.95	11.66
		29.72	1.03	11.74
		37.15	1.14	11.85
		44.57	1.25	11.96
		52	1.39	12.10
	荷重増加直後	59.43	1.52	12.23
	5分保持	59.43	1.52	12.23
		52	1.52	12.23
		37.15	1.37	12.08
		22.29	1.22	11.93
		7.43	0.99	11.70

載荷 サイクル	載荷 状況	載荷荷重 (kN)	変位 ゼロ調整後 (mm)	変位 生データ (mm)
		14.86	1.01	11.72
		22.29	1.05	11.76
		29.72	1.14	11.85
		37.15	1.24	11.95
		44.57	1.34	12.05
		52	1.44	12.15
		59.43	1.55	12.26
第5サイクル	荷重増加直後	66.86	1.68	12.39
	5分保持	66.86	1.68	12.39
	荷重増加直後	74.29	1.77	12.48
	5分保持	74.29	1.77	12.48
		66.86	1.77	12.48
		52	1.65	12.36
		37.15	1.46	12.17
		22.29	1.32	12.03
		7.43	1.11	11.82
		14.86	1.11	11.82
		29.72	1.16	11.87
		44.57	1.41	12.12
		59.43	1.61	12.32
		74.29	1.80	12.51
		89.15	2.04	12.75
		104.01	2.23	12.94
		118.86	2.50	13.21
	荷重増加直後	133.72	2.73	13.44
	5分保持	133.72	2.73	13.44
	荷重増加直後	148.58	2.99	13.70
	5分保持	148.58	2.99	13.70
第6サイクル	荷重増加直後	157.25	3.15	13.86
	5分保持	157.25	3.15	13.86
	荷重増加直後	165.99	3.32	14.03
	5分保持	165.99	3.32	14.03
		157.25	3.28	13.99
		148.58	3.11	13.82
		133.72	2.95	13.66
		118.86	2.76	13.47
		104.01	2.61	13.32
		89.15	2.40	13.11
		74.29	2.21	12.92
		59.43	2.01	12.72
		44.57	1.82	12.53
		29.72	1.60	12.31
		14.86	1.41	12.12

○引抜き試験データの整理結果の例
　（荷重～変位関係）全サイクル表示

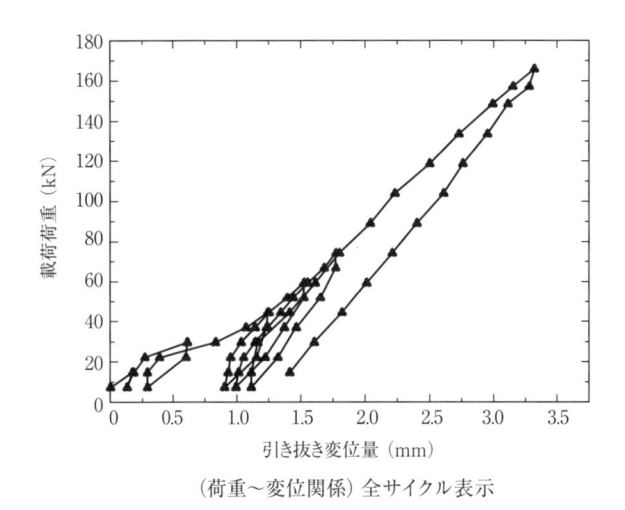

(荷重～変位関係) 全サイクル表示

○引抜試験時の様子

参考資料6　施工記録の例

参考表-6.1　施工記録の例（1）
（東日本・中日本・西日本高速道路㈱：土工施工管理要領[1]に加筆・修正）

No.		施工日	年　月　日	施工記録報告書 （日報）		監督員		現場代理人	
工事名									
実測削孔 ビット径		検尺日：年　月　日 mm		実測ロッド長 ケーシング長等		検尺日：年　月　日 m		実測注入管長	年　月　日 m
施工位置				施工数量 日　　計		（　　本/　日）		施工孔番：	～
材料保管状態 （目視確認）		良・否		グラウト混練り量 日計（バッチ／日）				バッチ×ℓ／バッチ＝ℓ	

孔番号	削　孔			補強鋼材の加工		注入孔口の確認 （合・否）	記事 （監督員の立会い等を記入）
	打設位置 （軸芯の誤差） (mm)	打設角度 (°)	削孔長 (m)	補強鋼材長 (m)	スペーサー数量 (個)		

参考表-6.2　施工記録の例（2）

工事名　：
工種　　：

測定項目：
規格値　：
測定者　：　　　　　　　　　印

測点	実測値	規格値との差	合否	測定日	備考（立会等）

管　理　図

参考文献

1) 東日本・中日本・西日本高速道路（株）：土工施工管理要領，2007．

参考資料7　地山補強土工法の事例集

ラディッシュアンカー（太径棒状補強体）工法（NETIS登録番号 KK-990020-A）

施工手順図

築造されたラディッシュアンカー体

切土補強土壁工法への適用例

仮土留め工への適用例

芯材（FEPロッド）の挿入状況

工法概要	ラディッシュアンカー工法は、地盤改良の機械攪拌混合方式により大径（直径300mm～400mm）の補強材の築造を可能にした地山補強土工法であり、小径補強材（直径40mm～100mm）や中径補強材（直径100mm～300mm）に比べ、大きな周面摩擦抵抗が得られるため、地山補強土工法では適用困難であった既設盛土や比較的軟弱な地盤においても、効率的な補強を可能とした。また、芯材は事前に掘削ロッド内にセットした上で、補強材の築造と同時に埋設するため、効率の良い施工を可能とした。
特　徴	①攪拌翼による施工方法であるため、確実な補強材径の確保が可能。 ②補強材中心への補強芯材の確実な設置が可能。 ③既設盛土や沖積地盤等の比較的軟弱な地盤への適用が可能。 ④鉄道の軌道直下等においても、列車走行に支障を与えずに施工が可能。
適用範囲	①適用実績：地山安定化工法、切土安定化工法、切土補強土壁工法、 　　　　　　既設擁壁・既設橋台の変状・耐震補強、仮土留め工。 ②対象地盤：既設盛土、粘性土（N≦10）、砂質土（N≦20） ③芯材種類：鉄筋（ネジ節異形棒鋼）、FRPロッド ④標準仕様：最大補強材長8m、補強材径400mm
設計・施工上の留意点	①100mm程度以上の礫や、玉石、コンクリート塊が多数点在する地盤を対象とする場合には、別途検討を要する。 ②地下水位面以深での削孔の際には、削孔口からの土砂水の流出が懸念されるため、別途検討を要する。
連絡先	RRR工法協会
技術審査証明等	財団法人　先端建設技術センター：技術審査証明　第1902号（平成19年11月）

自穿孔型ラディッシュアンカー工法（中径棒状補強材）

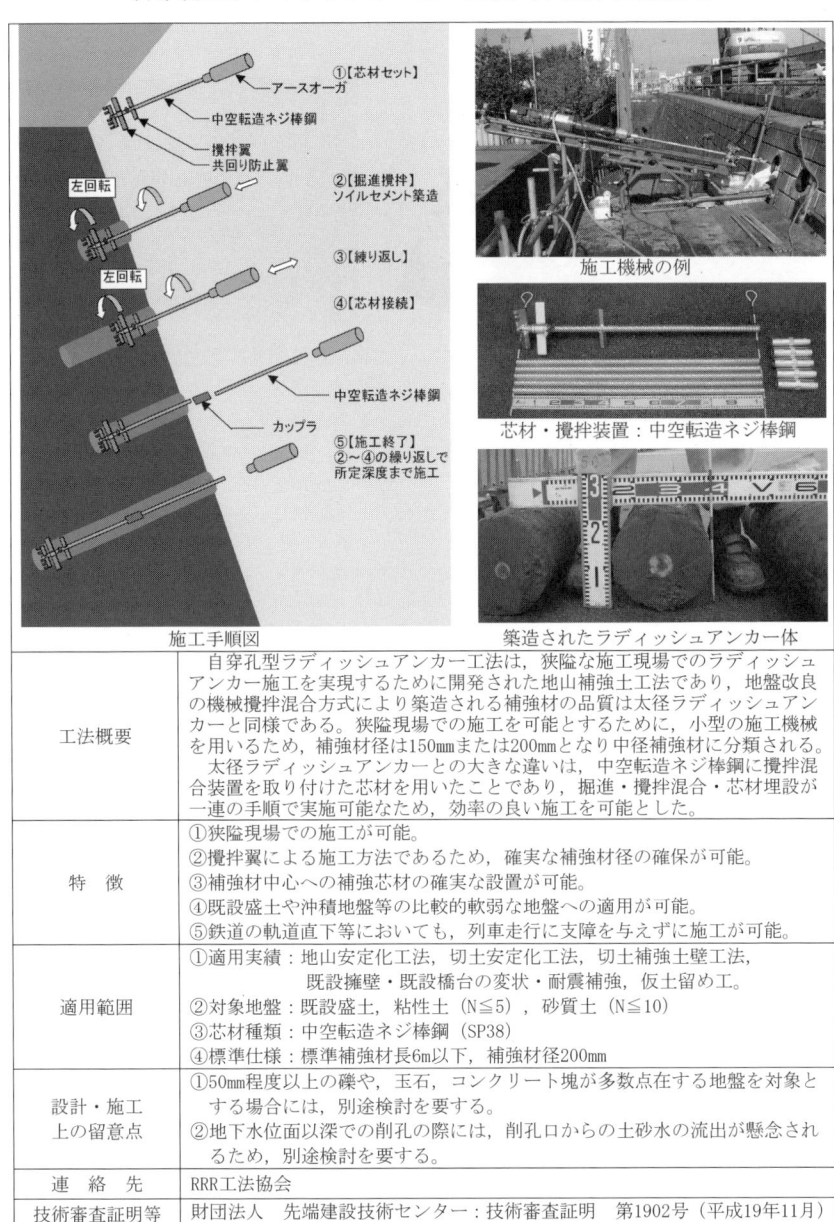

施工手順図

①【芯材セット】
アースオーガ
中空転造ネジ棒鋼
攪拌翼
共回り防止翼
左回転

②【掘進攪拌】
ソイルセメント築造

③【練り返し】
左回転

④【芯材接続】
中空転造ネジ棒鋼
カップラ

⑤【施工終了】
②〜④の繰り返しで所定深度まで施工

施工機械の例

芯材・攪拌装置：中空転造ネジ棒鋼

築造されたラディッシュアンカー体

工法概要	自穿孔型ラディッシュアンカー工法は，狭隘な施工現場でのラディッシュアンカー施工を実現するために開発された地山補強土工法であり，地盤改良の機械攪拌混合方式により築造される補強材の品質は太径ラディッシュアンカーと同様である。狭隘現場での施工を可能とするために，小型の施工機械を用いるため，補強材径は150mmまたは200mmとなり中径補強材に分類される。太径ラディッシュアンカーとの大きな違いは，中空転造ネジ棒鋼に攪拌混合装置を取り付けた芯材を用いたことであり，掘進・攪拌混合・芯材埋設が一連の手順で実施可能なため，効率の良い施工を可能とした。
特　徴	①狭隘現場での施工が可能。 ②攪拌翼による施工方法であるため，確実な補強材径の確保が可能。 ③補強材中心への補強芯材の確実な設置が可能。 ④既設盛土や沖積地盤等の比較的軟弱な地盤への適用が可能。 ⑤鉄道の軌道直下等においても，列車走行に支障を与えずに施工が可能。
適用範囲	①適用実績：地山安定化工法，切土安定化工法，切土補強土壁工法，既設擁壁・既設橋台の変状・耐震補強，仮土留め工。 ②対象地盤：既設盛土，粘性土（N≦5），砂質土（N≦10） ③芯材種類：中空転造ネジ棒鋼（SP38） ④標準仕様：標準補強材長6m以下，補強材径200mm
設計・施工上の留意点	①50mm程度以上の礫や，玉石，コンクリート塊が多数点在する地盤を対象とする場合には，別途検討を要する。 ②地下水位面以深での削孔の際には，削孔口からの土砂水の流出が懸念されるため，別途検討を要する。
連絡先	RRR工法協会
技術審査証明等	財団法人　先端建設技術センター：技術審査証明　第1902号（平成19年11月）

ジオファイバー工法（NETIS 登録番号 KT-980183-V）

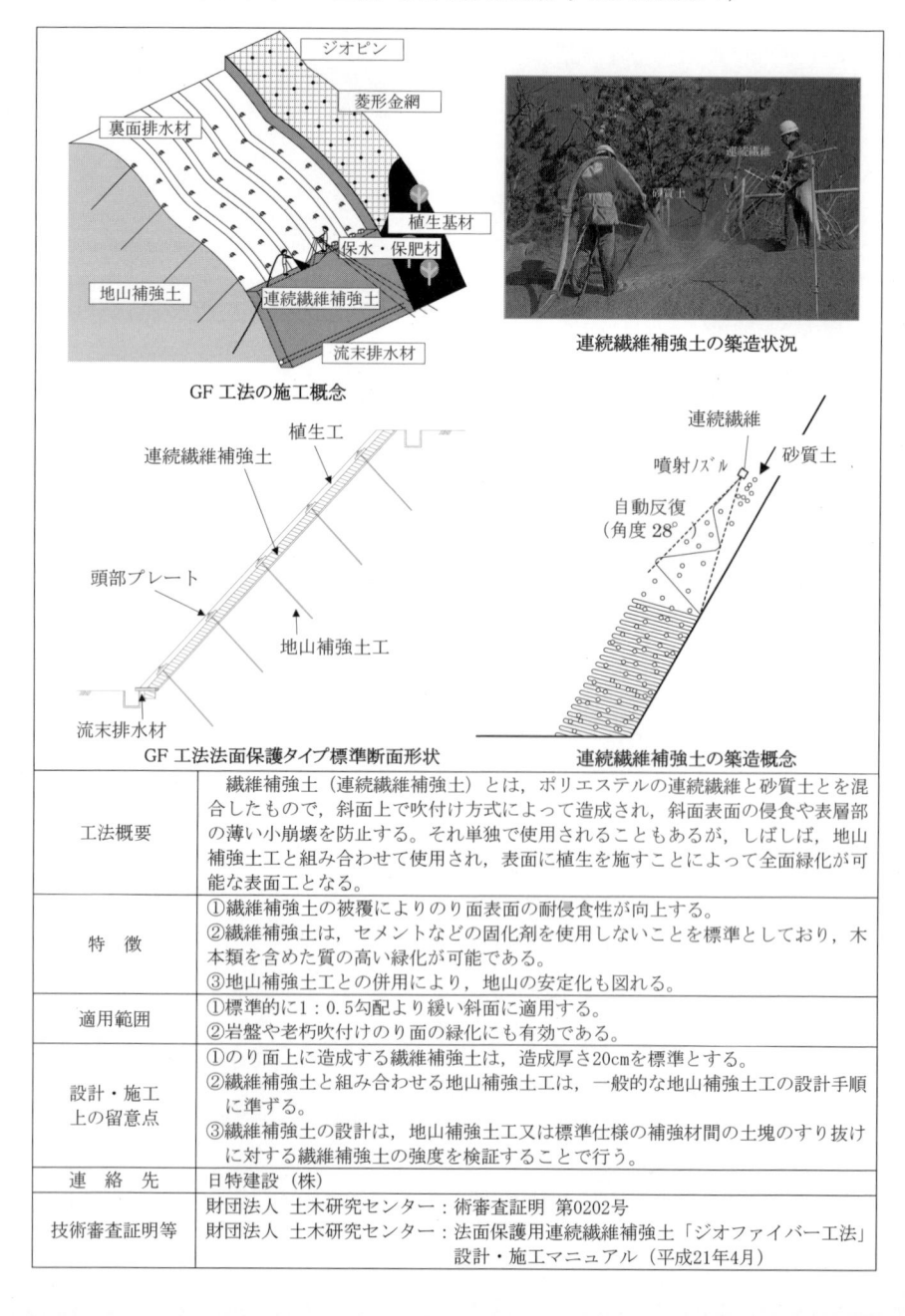

GF 工法の施工概念

連続繊維補強土の築造状況

GF 工法法面保護タイプ標準断面形状

連続繊維補強土の築造概念

工法概要	繊維補強土（連続繊維補強土）とは、ポリエステルの連続繊維と砂質土とを混合したもので、斜面上で吹付け方式によって造成され、斜面表面の侵食や表層部の薄い小崩壊を防止する。それ単独で使用されることもあるが、しばしば、地山補強土工と組み合わせて使用され、表面に植生を施すことによって全面緑化が可能な表面工となる。
特　徴	①繊維補強土の被覆によりのり面表面の耐侵食性が向上する。 ②繊維補強土は、セメントなどの固化剤を使用しないことを標準としており、木本類を含めた質の高い緑化が可能である。 ③地山補強土工との併用により、地山の安定化も図れる。
適用範囲	①標準的に1：0.5勾配より緩い斜面に適用する。 ②岩盤や老朽吹付けのり面の緑化にも有効である。
設計・施工上の留意点	①のり面上に造成する繊維補強土は、造成厚さ20cmを標準とする。 ②繊維補強土と組み合わせる地山補強土工は、一般的な地山補強土工の設計手順に準ずる。 ③繊維補強土の設計は、地山補強土工又は標準仕様の補強材間の土塊のすり抜けに対する繊維補強土の強度を検証することで行う。
連絡先	日特建設（株）
技術審査証明等	財団法人　土木研究センター：術審査証明　第0202号 財団法人　土木研究センター：法面保護用連続繊維補強土「ジオファイバー工法」設計・施工マニュアル（平成21年4月）

ロービングウォール工法（NETIS登録番号 QS-000021-V：設計比較対象技術）

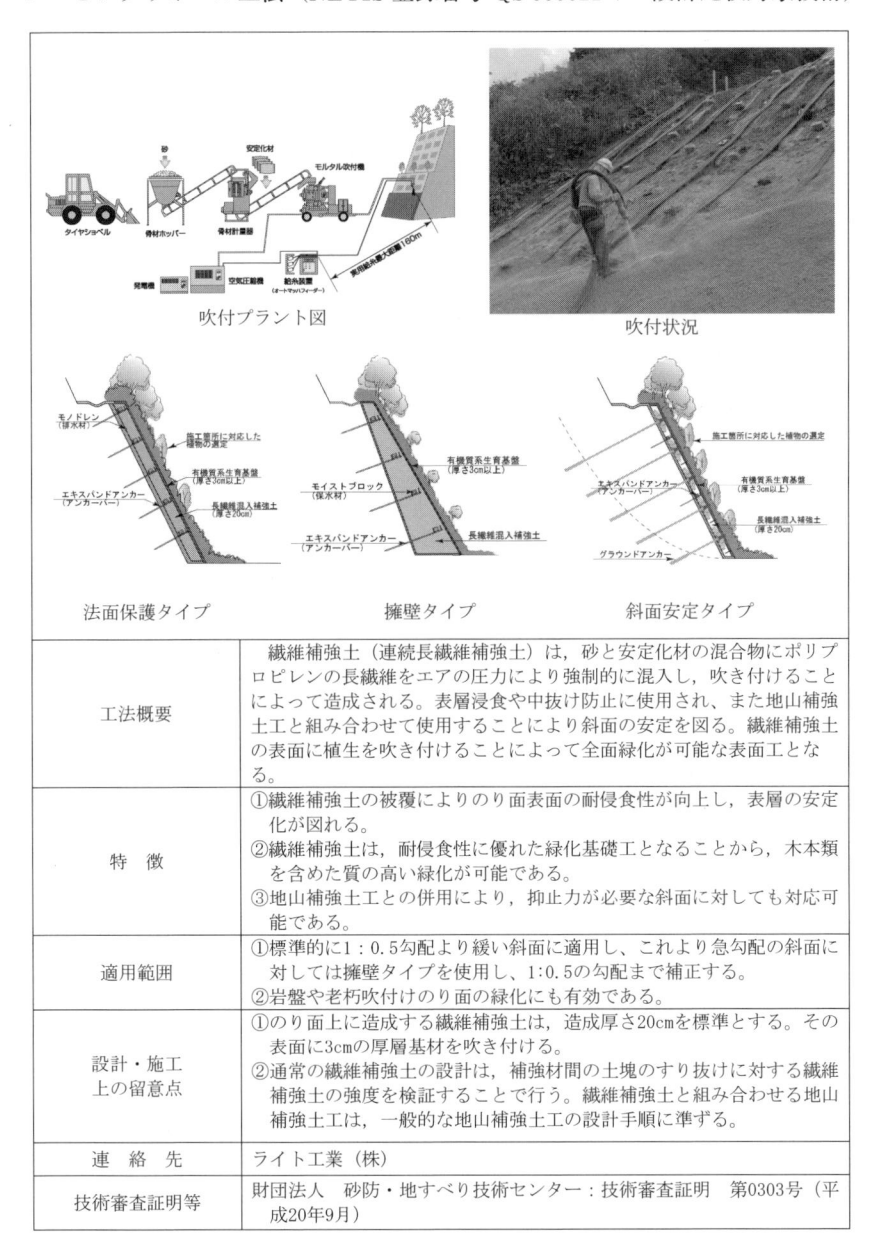

吹付プラント図　　　　　　　　　吹付状況

法面保護タイプ　　　擁壁タイプ　　　斜面安定タイプ

工法概要	繊維補強土（連続長繊維補強土）は，砂と安定化材の混合物にポリプロピレンの長繊維をエアの圧力により強制的に混入し，吹き付けることによって造成される。表層浸食や中抜け防止に使用され，また地山補強土工と組み合わせて使用することにより斜面の安定を図る。繊維補強土の表面に植生を吹き付けることによって全面緑化が可能な表面工となる。
特　徴	①繊維補強土の被覆によりのり面表面の耐侵食性が向上し，表層の安定化が図れる。 ②繊維補強土は，耐侵食性に優れた緑化基礎工となることから，木本類を含めた質の高い緑化が可能である。 ③地山補強土工との併用により，抑止力が必要な斜面に対しても対応可能である。
適用範囲	①標準的に1：0.5勾配より緩い斜面に適用し，これより急勾配の斜面に対しては擁壁タイプを使用し，1：0.5の勾配まで補正する。 ②岩盤や老朽吹付けのり面の緑化にも有効である。
設計・施工 上の留意点	①のり面上に造成する繊維補強土は，造成厚さ20cmを標準とする。その表面に3cmの厚層基材を吹き付ける。 ②通常の繊維補強土の設計は，補強材間の土塊のすり抜けに対する繊維補強土の強度を検証することで行う。繊維補強土と組み合わせる地山補強土工は，一般的な地山補強土工の設計手順に準ずる。
連絡先	ライト工業（株）
技術審査証明等	財団法人　砂防・地すべり技術センター：技術審査証明　第0303号（平成20年9月）

PAN WALL 工法（NETIS 登録番号 CB-980093-V）

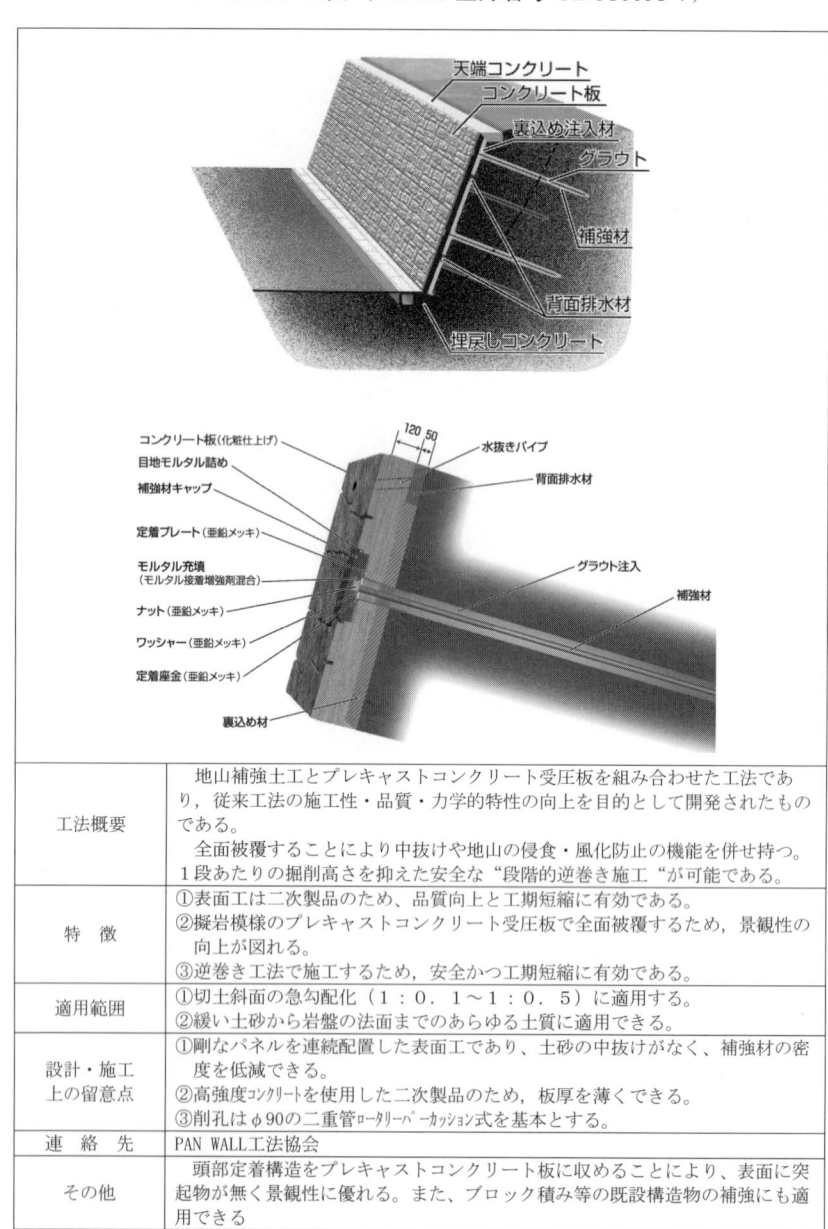

工法概要	地山補強土工とプレキャストコンクリート受圧板を組み合わせた工法であり、従来工法の施工性・品質・力学的特性の向上を目的として開発されたものである。 全面被覆することにより中抜けや地山の侵食・風化防止の機能を併せ持つ。 1段あたりの掘削高さを抑えた安全な"段階的逆巻き施工"が可能である。
特　徴	①表面工は二次製品のため、品質向上と工期短縮に有効である。 ②擬岩模様のプレキャストコンクリート受圧板で全面被覆するため、景観性の向上が図れる。 ③逆巻き工法で施工するため、安全かつ工期短縮に有効である。
適用範囲	①切土斜面の急勾配化（1：0.1～1：0.5）に適用する。 ②緩い土砂から岩盤の法面までのあらゆる土質に適用できる。
設計・施工上の留意点	①剛なパネルを連続配置した表面工であり、土砂の中抜けがなく、補強材の密度を低減できる。 ②高強度コンクリートを使用した二次製品のため、板厚を薄くできる。 ③削孔はφ90の二重管ロータリーパーカッション式を基本とする。
連絡先	PAN WALL工法協会
その他	頭部定着構造をプレキャストコンクリート板に収めることにより、表面に突起物が無く景観性に優れる。また、ブロック積み等の既設構造物の補強にも適用できる。

参考資料-34

クロスブリッジ（NETIS登録番号 KT-070090-A）

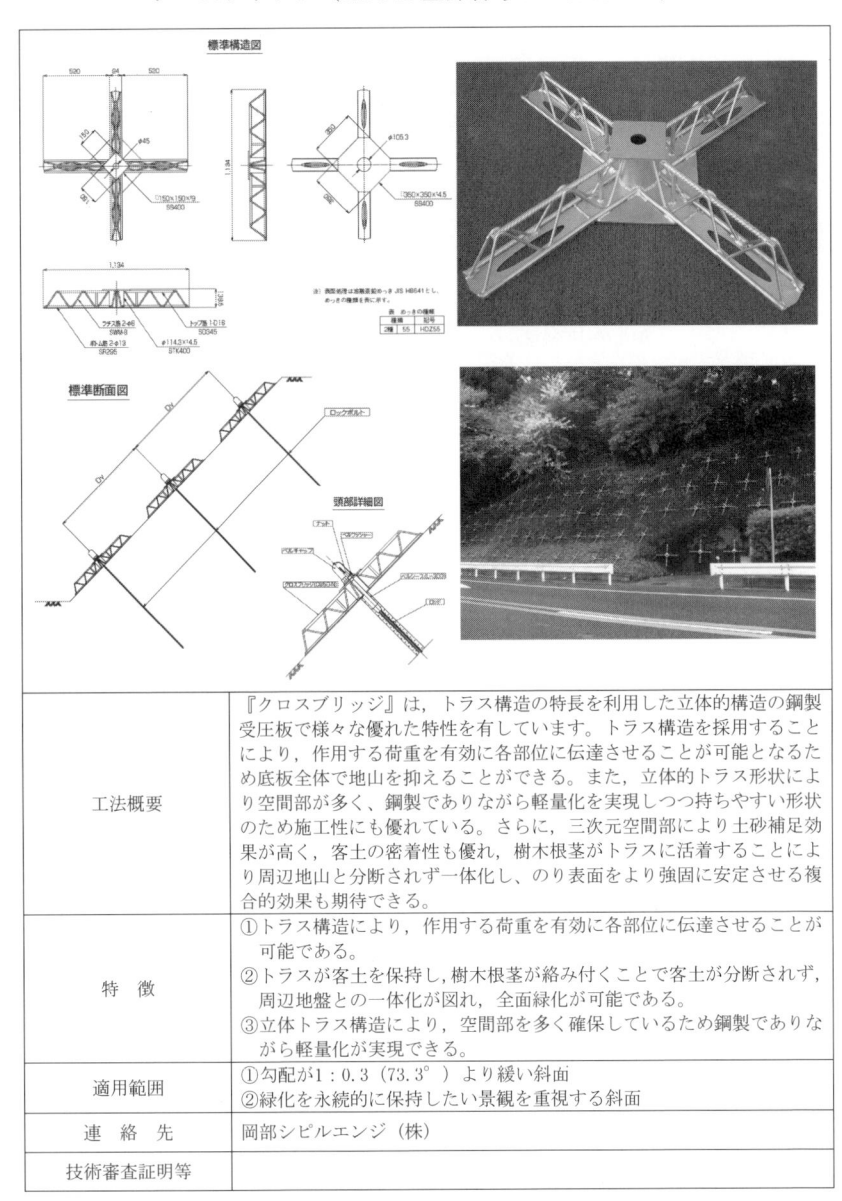

工法概要	『クロスブリッジ』は，トラス構造の特長を利用した立体的構造の鋼製受圧板で様々な優れた特性を有しています。トラス構造を採用することにより，作用する荷重を有効に各部位に伝達させることが可能となるため底板全体で地山を抑えることができる。また，立体的トラス形状により空間部が多く，鋼製でありながら軽量化を実現しつつ持ちやすい形状のため施工性にも優れている。さらに，三次元空間部により土砂補足効果が高く，客土の密着性も優れ，樹木根茎がトラスに活着することにより周辺地山と分断されず一体化し，のり表面をより強固に安定させる複合的効果も期待できる。
特　徴	①トラス構造により，作用する荷重を有効に各部位に伝達させることが可能である。 ②トラスが客土を保持し，樹木根茎が絡み付くことで客土が分断されず，周辺地盤との一体化が図れ，全面緑化が可能である。 ③立体トラス構造により，空間部を多く確保しているため鋼製でありながら軽量化が実現できる。
適用範囲	①勾配が1：0.3（73.3°）より緩い斜面 ②緑化を永続的に保持したい景観を重視する斜面
連絡先	岡部シビルエンジ（株）
技術審査証明等	

ソイルネイリング®工法

切土のり面補強

モルタル吹付状況

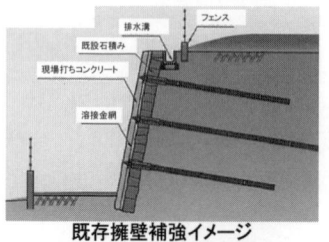

ネイル打設状況

既存擁壁補強イメージ

ネイル打設状況

擁壁補強施工後

擁壁補強前

工法概要	ソイルネイリング®工法は鋼棒（ネイル）を一定のパターンで地中に設置し、吹付コンクリートやパネルで掘削面の保護を行い合成補強土塊を作り出す工法である。この合成補強土塊は重力擁壁としての働きをし、法面あるいは掘削面を安定保持させる。安定計算は、2ウェッジ法を採用し、ネイルで補強された擬似擁壁体の中に多くの崩壊面を想定し、この崩壊面上部の土塊に働く力を算出して、力の釣合により安定を検討する。
特　　徴	①掘削と並行して土留壁が形成される。 ②土留杭が不要。 ③小型機械による施工が可能で、狭い場所や急傾斜のところにも適用可能。 ④低騒音、低振動の工法。
適用範囲	①切土を伴う場合、地盤の自立高さが1m以上。 ②1：0.1勾配より緩い斜面で、地下水位以上であること。 ③岩盤は対象外。
設計・施工 上の留意点	①各段の掘削高さは、安定計算における掘削深さとし、1.0～1.5mを標準とする。 ②掘削時に掘削地盤が設計条件と異なる場合は、再設計を行う。 ③壁面処理にコンクリート（モルタル）吹付け工を採用する場合、吹付け厚さは7～10cmの範囲内で決定する。
連　絡　先	三信建設工業（株）
技術審査証明等	

ノンフレーム工法（NETIS 登録番号 CB-020050-A）

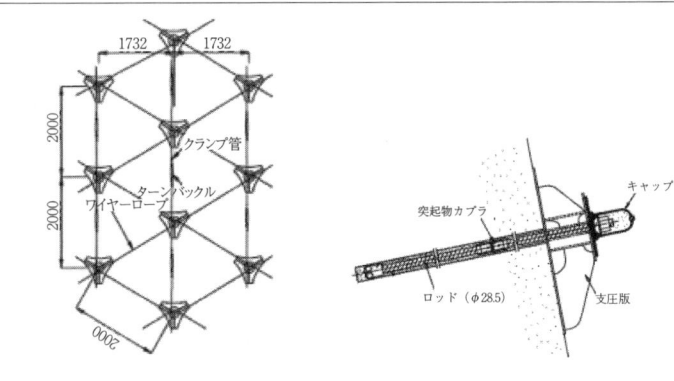

ノンフレーム工法構造概要

樹間内での施工状況（低騒音対応） 　　ノンフレーム工法設置状況

工法概要	自然斜面上の樹木を保全できる斜面安定化工法。 3〜5m程度の補強材を規定の間隔で打設し、頭部に支圧板を設置する。さらに支圧板どうしを頭部連結材で連結することによって、斜面全体の安定性向上を図る。
特　徴	①自然斜面の樹木を残したまま施工ができるため、施工後も元々の景観・環境を保全できる。 ②樹木伐採、法面整形を行わずに施工ができるため、産廃・建設副産物がほとんど発生しない。 ③施工機器が比較的小さいため、狭小な場所や高所等、従来施工困難であった場所で施工ができる。
適用範囲	①自然斜面一般。 ②深さ３mより浅い崩壊に適用する。
設計・施工 上の留意点	①補強材を1辺2mの正三角形を形成するように配置するのが標準である。 ②長さ等は、一般的な地山補強土工の設計手法に準ずるが、軟弱な自然斜面の地盤では、補強材の剛性を考慮する設計手法を採用する。 ②裸地部や下層植生が貧弱な箇所では、浸食が生じるため、浸食対策を併用する。
連絡先	ノンフレーム工法研究会
技術審査証明等	

参考資料8　他工法を併用した地山補強土工法の事例集

参考表-8.1　地山補強土工＋排水工[1]

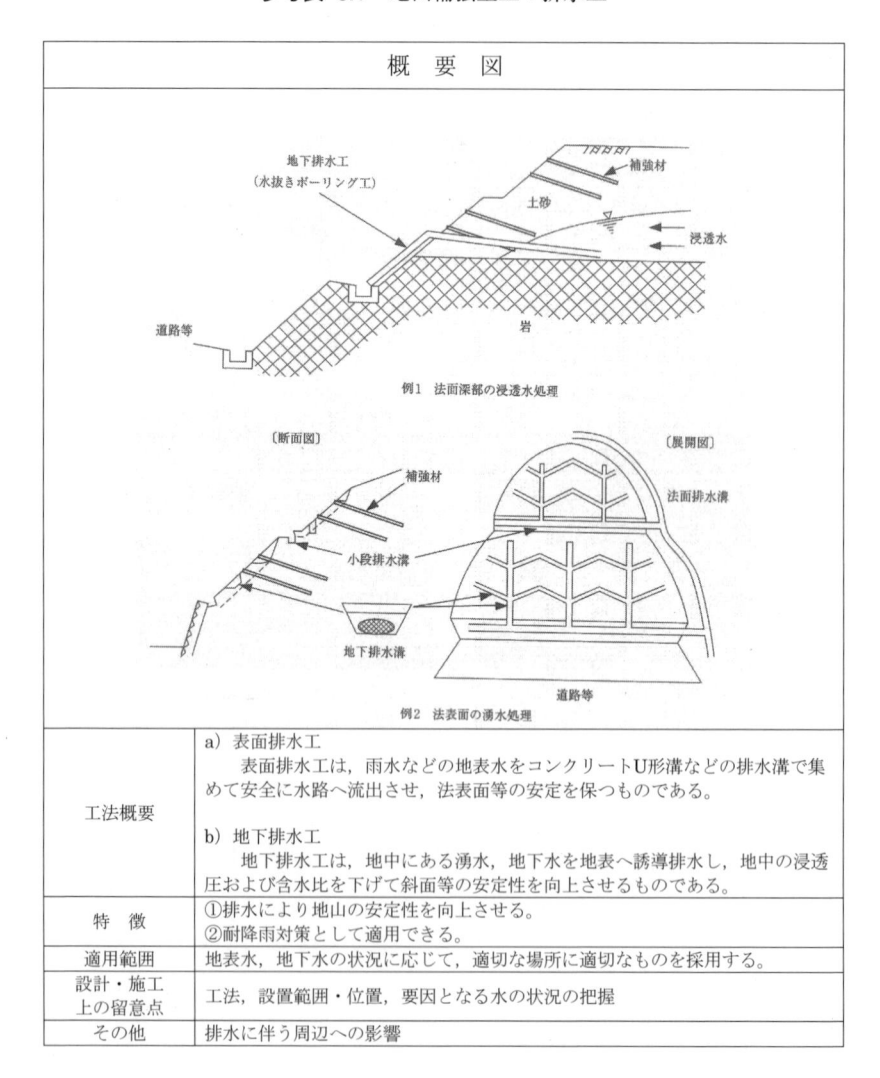

概　要　図	
\[図：例1　法面深部の浸透水処理（地下排水工（水抜きボーリング工）、補強材、土砂、岩、浸透水、道路等）\]	
\[図：例2　法表面の湧水処理（〔断面図〕補強材、小段排水溝、地下排水溝／〔展開図〕法面排水溝、道路等）\]	

工法概要	a）表面排水工 　表面排水工は，雨水などの地表水をコンクリートU形溝などの排水溝で集めて安全に水路へ流出させ，法表面等の安定を保つものである。 b）地下排水工 　地下排水工は，地中にある湧水，地下水を地表へ誘導排水し，地中の浸透圧および含水比を下げて斜面等の安定性を向上させるものである。
特　徴	①排水により地山の安定性を向上させる。 ②耐降雨対策として適用できる。
適用範囲	地表水，地下水の状況に応じて，適切な場所に適切なものを採用する。
設計・施工上の留意点	工法，設置範囲・位置，要因となる水の状況の把握
その他	排水に伴う周辺への影響

参考表-8.2　地山補強土工＋グラウンドアンカー工[1]

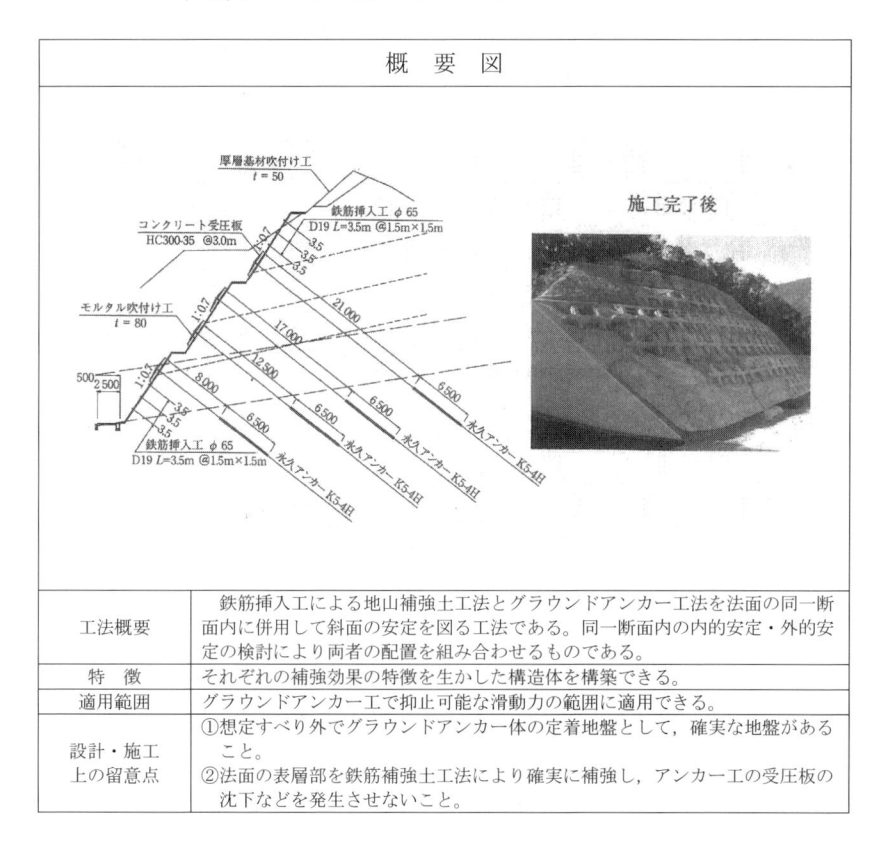

概　要　図
（概要図：法面断面図に厚層基材吹付け工 t=50、鉄筋挿入工 φ65 D19 L=3.5m @1.5m×1.5m、コンクリート受圧板 HC300-35 @3.0m、モルタル吹付け工 t=80、鉄筋挿入工 φ65 D19 L=3.5m @1.5m×1.5m、永久アンカー K5-4甘などの記載あり。施工完了後の写真を併記）

工法概要	鉄筋挿入工による地山補強土工法とグラウンドアンカー工法を法面の同一断面内に併用して斜面の安定を図る工法である。同一断面内の内的安定・外的安定の検討により両者の配置を組み合わせるものである。
特　徴	それぞれの補強効果の特徴を生かした構造体を構築できる。
適用範囲	グラウンドアンカー工で抑止可能な滑動力の範囲に適用できる。
設計・施工上の留意点	①想定すべり外でグラウンドアンカー体の定着地盤として，確実な地盤があること。 ②法面の表層部を鉄筋補強土工法により確実に補強し，アンカー工の受圧板の沈下などを発生させないこと。

参考表-8.3　地山補強土工+曲面（竹割り型）土留め工 [1]

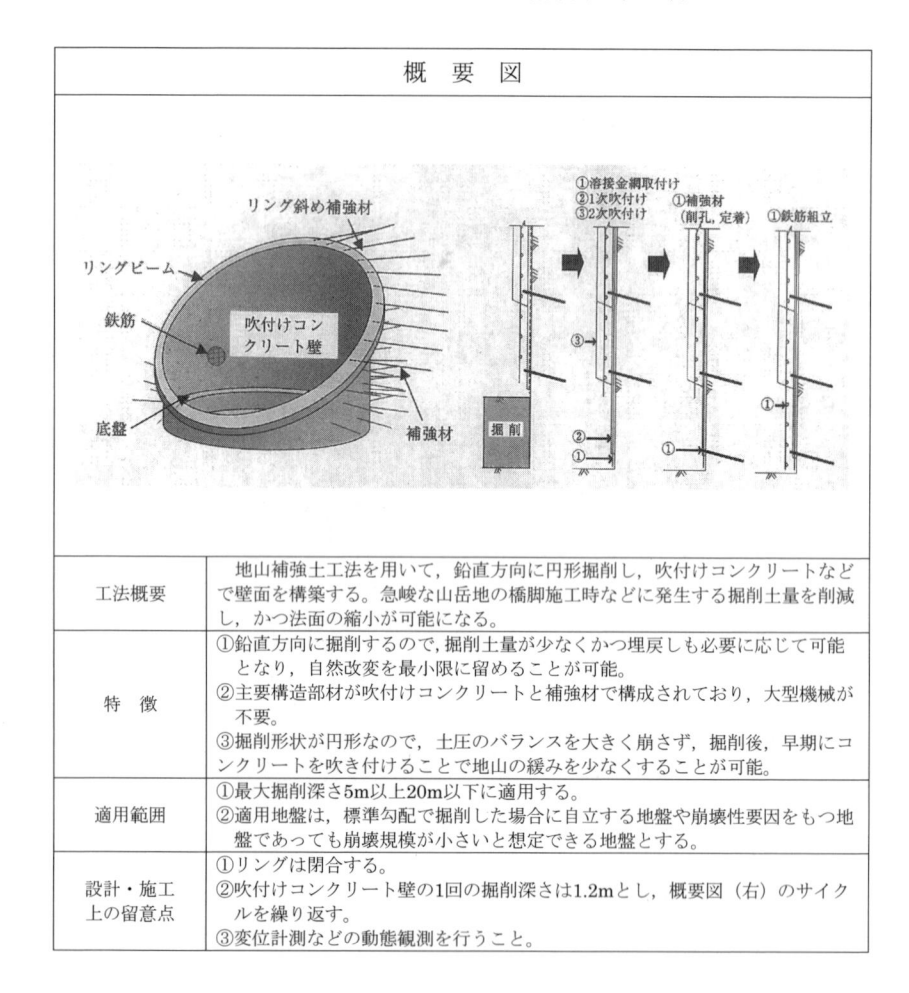

概　要　図	
\<図\>	

工法概要	地山補強土工法を用いて，鉛直方向に円形掘削し，吹付けコンクリートなどで壁面を構築する。急峻な山岳地の橋脚施工時などに発生する掘削土量を削減し，かつ法面の縮小が可能になる。
特　徴	①鉛直方向に掘削するので，掘削土量が少なくかつ埋戻しも必要に応じて可能となり，自然改変を最小限に留めることが可能。 ②主要構造部材が吹付けコンクリートと補強材で構成されており，大型機械が不要。 ③掘削形状が円形なので，土圧のバランスを大きく崩さず，掘削後，早期にコンクリートを吹き付けることで地山の緩みを少なくすることが可能。
適用範囲	①最大掘削深さ5m以上20m以下に適用する。 ②適用地盤は，標準勾配で掘削した場合に自立する地盤や崩壊性要因をもつ地盤であっても崩壊規模が小さいと想定できる地盤とする。
設計・施工上の留意点	①リングは閉合する。 ②吹付けコンクリート壁の1回の掘削深さは1.2mとし，概要図（右）のサイクルを繰り返す。 ③変位計測などの動態観測を行うこと。

参考表-8.4　地山補強土工＋撹拌混合杭工 [1]

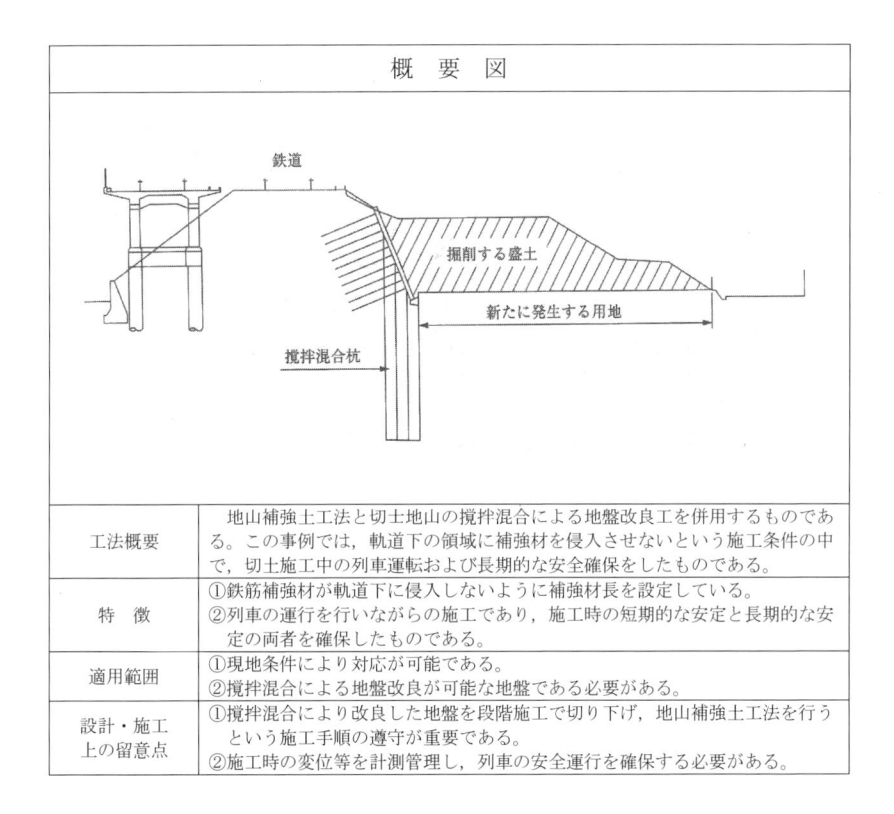

概　要　図	
工法概要	地山補強土工法と切土地山の撹拌混合による地盤改良工を併用するものである。この事例では，軌道下の領域に補強材を侵入させないという施工条件の中で，切土施工中の列車運転および長期的な安全確保をしたものである。
特　徴	①鉄筋補強材が軌道下に侵入しないように補強材長を設定している。 ②列車の運行を行いながらの施工であり，施工時の短期的な安定と長期的な安定の両者を確保したものである。
適用範囲	①現地条件により対応が可能である。 ②撹拌混合による地盤改良が可能な地盤である必要がある。
設計・施工上の留意点	①撹拌混合により改良した地盤を段階施工で切り下げ，地山補強土工法を行うという施工手順の遵守が重要である。 ②施工時の変位等を計測管理し，列車の安全運行を確保する必要がある。

参考文献

1) 地盤工学会：地盤補強技術の新しい適用―他工法との併用技術―，pp111〜119，2006．